METHODEN
zur
Berechnung von Gesteinsnormen

von

G. MÜLLER und E. BRAUN

126 Seiten, 17 Bilder und 23 Tabellen im Text;

37 Seiten Anhang mit Flußdiagrammen, 1 Bild und 2 Tabellen

1977

Anschrift der Verfasser:

Prof. Dr. Georg Müller

Dr. Eckart Braun

Mineralogisch-Petrographisches Institut
der Technischen Universität Clausthal

Adolf-Römer-Straße 2A

D-3392 Clausthal-Zellerfeld

ISBN-13: 978-3-540-62825-5   e-ISBN-13: 978-3-642-95844-1
DOI: 10.1007/978-3-642-95844-1

Vorwort der Verfasser

Seit Anfang dieses Jahrhunderts wurde eine Reihe von Versuchen unternommen, die chemischen Daten von Mineralen und Gesteinen, die meist in der Form von Oxidgewichten vorliegen, in Normen zu übersetzen, die der mineralogisch-petrographischen Forschung sachdienlicher sind. So wurden für die Minerale aufgrund der Vorstellungen vom Gitterbau der Kristalle die Strukturformeln entwickelt. Zur besseren Ausnutzung von chemischen Gesteinsanalysen wurden Berechnungsmethoden für Normminerale, gesteinschemische Kennwerte, graphische Darstellungsmethoden und schließlich auch Computer-Programme geschaffen. Alle diese Berechnungssysteme sind in zahlreichen Spezialpublikationen und umfangreichen Lehrbüchern dargestellt, so daß es für einen Studierenden oder der Petrographie Fernstehenden relativ schwierig ist, einen Überblick zu gewinnen.

Die nachfolgende Darstellung wurde für solche Geowissenschaftler geschrieben, denen es verwehrt ist, die quantitativen modalen Mineralbestände von Gesteinen für ihre genetischen Probleme oder vergleichenden Untersuchungen benutzen zu können. Das ist nicht nur eine Frage des Zeitaufwandes, den die Erstellung von Modalanalysen erfordert, sondern häufig ist bei Vulkaniten, feinkörnigen Sedimenten oder deren Metamorphiten der Modalbestand gar nicht feststellbar. In solchen Fällen muß man versuchen, mit chemischen Gesteinsanalysen und gegebenenfalls mit ergänzender Röntgenanalytik zu aussagekräftigen Ergebnissen zu kommen. Hierbei sind die verschiedenen Methoden der Normberechnung wichtige Hilfsmittel.

Der folgende Text ist aus langjährigen Vorlesungen und Übungen an den Universitäten Kiel und Clausthal erwachsen. Er zielt darauf ab, über die schrittweise Erarbeitung exemplarischer Beispiele den Zugang zu den gebräuchlichsten Berechnungsmethoden von Gesteinsnormen, Gesteinskennwerten und deren graphische Darstellung zu vermitteln. Hierbei wird Wert darauf gelegt, das Grundsätzliche einer jeden Methode klar und ausführlich

anhand von Berechnungsbeispielen darzulegen und die Einschränkungen, die jede Normberechnung in sich birgt, ihre Vor- und
Nachteile deutlich anzusprechen. Der Leser soll auch erfahren,
was die verschiedenen Berechnungsmethoden nicht leisten können.
Diese Darstellung verbleibt bewußt im Grundsätzlichen. Wer in
Detailfragen oder für spezielle Probleme Darstellungshilfen
benötigt, sei auf die zu allen Kapiteln ausführlich zitierte
Spezialliteratur verwiesen. Die Flußdiagramme zu den Gesteinsnormen beruhen auf ca. 2300 Lochkarten. Diese oder eine Kopie
des von uns verwendeten Magnetbandes werden auf Anfrage
Interessenten gegen Erstattung der Unkosten zugeschickt.

Wir danken Herrn Prof. Dr. A. Rittmann und dem Springer
Verlag Berlin-Heidelberg-New York, daß wir aus dem Buch:
"Stable mineral assemblages of igneous rocks" neun von
A. Rittmann entwickelte Diagramme umzeichnen und übernehmen
dürfen. Es handelt sich hierbei um die Bilder 19, 20, 21, 41,
42, 45, 46, 48 und 49.

Ferner danken wir Herrn Dr. Stengelin, Tübingen, für
ausführliche Diskussionen. Frl. I. Joß danken wir für die große
Geduld und außerordentliche Mühe, welche sie beim Schreiben
des komplizierten Textes aufgebracht hat, desgleichen Frl. C.
Just für das Schreiben der Flußdiagramme als Vorlage für den
Druck.

Angesichts des schwierigen Formelteils bitten wir den
Leser wegen wahrscheinlich vorhandener Satzfehler um Entschul-
digung und wären für Hinweise auf Fehler sehr dankbar.

Georg Müller   Eckart Braun

1. Normative Mineralbestände der CIPW-Methode

1.1 Allgemeines

Die älteste noch im Gebrauch befindliche und vor allem im angelsächsischen Bereich verbreitete Methode, aus chemischen Gesteinsanalysen normative Mineralbestände zu errechnen, ist die von Cross, Iddings, Pirsson und Washington erarbeitete CIPW-Norm. Die CIPW-Norm wurde am Anfang unseres Jahrhunderts aufgestellt, als das Auflösungsvermögen der Mikroskope noch weit geringer als heute und daher die mikroskopische Modalanalyse noch nicht entwickelt war.

Auch heute ist man in vielen Fällen gezwungen, Normen aus chemischen Analysen zu berechnen, besonders wenn die untersuchten Gesteine sehr feinkörnig sind oder Glasanteile besitzen, so daß keine Modalanalysen vorgenommen werden können. Der Unterschied zwischen modalem und normativem Mineralbestand eines Gesteins besteht darin, daß die Modalanalyse die Anteile der wirklich vorhandenen Minerale in Volumenprozentangaben wiedergibt, während der normative Mineralbestand meistens einen Teil von Norm-Mineralen enthält, die im Gestein nicht enthalten sind. Zum anderen sind in den Norm-Analysen die wahren Anteile der wirklich im Gestein vorhandenen Minerale verzerrt. Kurz gesagt: "Modalanalysen entsprechen der Realität, Normanalysen nicht".

Die Modalanalyse beruht nämlich auf einer quantitativen Bestimmung des im Mikroskop tatsächlich beobachteten Mineralbestandes. Die Norm-Analyse hingegen erfolgt rein rechnerisch, wobei eine mikroskopische Untersuchung überhaupt nicht notwendig ist, sondern nur eine möglichst genaue chemische Analyse vorhanden sein muß.

Normative Mineralbestände bieten nur Hilfsmittel, die es ermöglichen, aus einer rein chemischen Betrachtungsweise auf eine mineralogisch-petrographische überzugehen.

Aus der Modalanalyse hingegen erfährt man nichts über die
genaue chemische Zusammensetzung des Gesteins oder die chemischen
Eigenarten bestimmter Minerale. Damit wird ersichtlich, daß sich
beide Methoden ideal ergänzen. Eine moderne petrographische Untersuchung muß sich sowohl auf die modale wie auch auf die normative
Analyse stützen.

Die normativen Mineralbestände eignen sich ausgezeichnet für
vergleichende Untersuchungen, z.B. wenn die Entwicklungen magmatischer Differentiationsreihen anhand eines umfangreichen Daten-
materials verfolgt werden sollen oder wenn bei überregionalen
Arbeiten zur Gesteinssystematik zahlreiche chemische Gesteinsanalysen dargestellt werden müssen.

Voraussetzung für die Berechnung von normativen Mineralbe-
ständen ist es, daß man sich auf bestimmte Norm-Minerale und das
Berechnungsverfahren einigt und immer in gleicher Weise verfährt.
Aus dieser Forderung wird sofort klar, daß man möglichst einfache
Norm-Minerale auswählen muß, um zu leicht überschaubaren Berechnungen zu kommen. Die wichtigsten und häufigsten Minerale der
CIPW-Norm sind in Tab. 1 enthalten. Aus der Liste wird ersichtlich, daß komplexe Silikate, wie die Amphibole, Glimmer und
Chlorite nicht berücksichtigt werden können. Damit wird klar,
daß für die meisten Gesteine mit Hilfe der berechneten Norm der
wirklich vorhandene modale Mineralbestand (Modus, engl. mode)
nicht beschrieben werden kann. Zum anderen resultieren quantitative Verzerrungen bei den tatsächlich vorhandenen Mineralan-
teilen. So muß z.B. das in den Glimmern enthaltene Kalium in der
Kalifeldspat-Komponente (or) oder in seltenen Fällen auch im
Leucit (lc) bzw. Kaliophilit (kp) verrechnet werden. Der normative
Anteil dieser Gerüstsilikate wird zwangsläufig zu hoch, wenn das
in den Glimmern vorhandene Kalium in ihre Berechnung miteinbezogen
wird.

Bei der Aufstellung der CIPW-Norm kannte man die Strukturformeln und den Gitterbau der Silikate noch nicht. Es war damals
allgemein üblich, mit Molekülen und Molekulargewichten der Oxide

2

<u>Tab. 1</u>   <u>Minerale der CIPW-Norm</u>

Mineralname	Symbol	Moleküle	Formel
Quarz	q	SiO_2	SiO_2
Korund	c	Al_2O_3	Al_2O_3
Kalifeldspat	or	$K_2O \times Al_2O_3 \times 6SiO_2$	$K[AlSi_3O_8]$
Albit	ab	$Na_2O \times Al_2O_3 \times 6SiO_2$	$Na[AlSi_3O_8]$
Anorthit	an	$CaO \times Al_2O_3 \times 2SiO_2$	$Ca[Al_2Si_2O_8]$
Leucit	lc	$K_2O \times Al_2O_3 \times 4SiO_2$	$K[AlSi_2O_6]$
Nephelin	ne	$Na_2O \times Al_2O_3 \times 2SiO_2$	$Na[AlSiO_4]$
Kaliophilit	kp	$K_2O \times Al_2O_3 \times 2SiO_2$	$K[AlSiO_4]$
Wollastonit	wo	$2CaO \times 2SiO_2$	$Ca_2[Si_2O_6]$
Enstatit	en $\}$ hy $\}$ di	$2MgO \times 2SiO_2$	$Mg_2[Si_2O_6]$
Ferrosilit	fs	$2FeO \times 2SiO_2$	$Fe_2[Si_2O_6]$
Forsterit	fo $\}$ ol	$2MgO \times SiO_2$	$Mg_2[SiO_4]$
Fayalit	fa	$2FeO \times SiO_2$	$Fe_2[SiO_4]$
Akmit	ac	$Na_2O \times Fe_2O_3 \times 4SiO_2$	$NaFe[Si_2O_6]$
Magnetit	mt	$FeO \times Fe_2O_3$	$Fe^{2+}Fe_2^{3+}O_4$
Hämatit	hm	Fe_2O_3	Fe_2O_3
Ilmenit	il	$FeO \times TiO_2$	$Fe^{2+}TiO_3$
Apatit	ap	$3,3CaO \times P_2O_5$*)	$Ca_5[(OH)/(PO_4)_3]$
Pyrit	pr	$0,5FeO \times S_2$*)	FeS_2
Calcit	cc	$CaO \times CO_2$	$CaCO_3$

*) zu verrechnende Anteile

zu rechnen. Später setzte sich immer mehr die Berechnung atomarer
Äquivalente durch. Daher hat Barth in seinem Buch "Theoretical
Petrology" (1952) folgerichtig vorgeschlagen, nicht mehr mit
molekularen, sondern nur noch mit atomaren Äquivalentgewichten
zu rechnen. Diese Anregung hatte P.Niggli bereits im Jahre 1936
gegeben. Der Übergang von den molekularen zu den atomaren Äquivalenten hat zur Folge, daß die Gewichtsanteile der 5-, 3- und
1-wertigen Kationen nur durch das halbe Molekulargewicht geteilt
werden müssen. Zum Beispiel beträgt das Molekulargewicht, besser
die Molmasse des Al_2O_3 101,96, die atomare Äquivalentmasse jedoch
nur die Hälfte = 50,98, entsprechend 1/2 Al_2O_3. Für Fe_2O_3 sind
die entsprechenden Zahlen 159,691 und 79,846, für Na_2O 61,979
und für 1/2 Na_2O 30,990.

Die Berechnung wird nach einem festgelegten Schema vorgenommen. Sie ist in der Reihenfolge der Schritte für die ältere
Methode der Berechnung von Gewichtsprozentanteilen der Norm-
minerale und für die neuere Methode nach Barth gleich.

Für die erweiterte Methode von Rittmann (1973) wurde in
das Berechnungsprogramm (Flußdiagramm, Anhang) eine Anzahl von
weiteren Elementen und Normmineralen aufgenommen. Diese sind:

$$z = Zr\,[SiO_4] = \text{Zirkon,}$$
$$hl = NaCl = \text{Halit,}$$
$$th = Na_2\,[SO_4] = \text{Thenardit,}$$
$$nc = Na_2\,[CO_3] = \text{Natriumcarbonat,}$$
$$ns = Na_2\,[SiO_3] = \text{Natriummetasilikat,}$$
$$ks = K_2\,[SiO_3] = \text{Kaliummetasilikat,}$$
$$cs = Ca_2\,[SiO_4] = \text{Calcio-Olivin,}$$
$$cm = FeCr_2O_4 = \text{Chromit,}$$
$$tn = CaTi\,[O/SiO_4] = \text{Titanit,}$$
$$pf = CaTiO_3 = \text{Perowskit,}$$
$$ru = TiO_2 = \text{Rutil,}$$
$$fr = CaF_2 = \text{Fluorit,}$$
$$mg = Mg\,[CO_3] = \text{Magnesit.}$$

1.2 Einfache Normberechnung mit SiO_2-Überschuß

Im folgenden wird die chemische Analyse eines Quarzdiorits benutzt, um die verschiedenen Rechengänge darzustellen.

Tab. 2 Berechnung der molekularen und atomaren Äquivalente
Quarzdiorit von Čimice, WSW Sušice (nach Troll 1968)

Kompo- nenten	Gew.-%	MM	$MZ \times 10^3$	AM	$AZ \times 10^3$	KÄ-%	
SiO_2	57,27	60,0848	953,2	60,0848	953,2	52,69	Si
TiO_2	0,97	79,8988	12,1	79,8988	12,1	0,66	Ti
Al_2O_3	16,99	101,9612	166,6	50,9811	333,3	18,42	Al
Fe_2O_3	0,46	159,6922	2,9	79,8461	5,8	0,32	Fe^{3+}
FeO	5,10	71,8464	71,0	71,8464	71,0	3,92	Fe^{2+}
MnO	0,08	70,9374	1,1	70,9374	1,1	0,06	Mn
MgO	4,27	40,3114	105,9	40,3114	105,9	5,85	Mg
CaO	5,94	56,0794	105,9	56,0794	105,9	5,85	Ca
Na_2O	3,57	61,9790	57,6	30,9900	115,2	6,37	Na
K_2O	4,06	94,2034	43,1	47,1017	86,2	4,76	K
P_2O_5	0,48	141,9446	3,4	70,9723	6,8	0,38	P
CO_2	0,04	44,0100	0,9	44,0100	0,9	0,05	C
S	0,39	32,0640	12,2	32,0640	12,2	0,67	S
H_2O^+	0,72	18,0153					
			1535,9		1809,2	100,00	

Nach der ursprünglichen Methode teilt man die Gewichtsanteile der einzelnen chemischen Komponenten durch ihre Molekulargewichte (MM). Dabei erhält man recht kleine Quotienten. Um die weitere Rechnung übersichtlich zu gestalten, werden die Quotienten

mit der Zahl Tausend multipliziert (3. vertikale Zahlenreihe).
Man schreibt sich jetzt diese molekularen Äquivalentzahlen (MZ)
in einem Schema (Tab. 3, horizontale Zahlenreihe) auf und verteilt sie nacheinander auf die Norm-Minerale. Nach jedem Berechnungsschritt wird der Verbrauch im Schema horizontal ein-
getragen (Tab. 3). Man sollte das Schema so großflächig anlegen,
daß noch unter oder neben jeder eingetragenen Zahl Platz für
einen weiteren Zahlenwert verbleibt, denn nach der abgeschlos-
senen Verteilung der molekularen Äquivalentzahlen auf die Norm-
Minerale müssen deren Gewichtsanteile berechnet werden. Auch
die Gewichtsanteile trägt man zweckmäßigerweise in das Schema
ein. Angesichts der Fehler der chemischen Analysen reicht es
völlig aus, wenn man die mit 10^3 multiplizierten molekularen
Äquivalentzahlen auf volle Zahlen auf- oder abrundet. Computer-
Berechnungen geben oft die erste und auch die zweite Dezimale
nach dem Komma an. Doch sollte man kritisch prüfen, ob eine
solche Genauigkeit überhaupt reell ist.

Berechnungsschritte (Werte von MZ×1000 aus Tab. 2)

(1)   Aus CO_2 und einem gleichen Anteil von CaO errechnet man
        Calcit = cc. In unserem Beispiel 1 CO_2 + 1 CaO = 2 cc
        (siehe auch im folgenden Tab. 3!)

(2)   Der Äquivalentanteil des P_2O_5, hier 3, wird mit dem
        3,3-fachen CaO zu Apatit verrechnet, also 3 P_2O_5+10 CaO=13 ap

(3)   Pyrit wird aus dem S und der halben Menge FeO (bezogen
        auf S) gebildet, 12 S + 6 FeO = 18 pr

(4)   Ilmenit setzt sich aus 12 TiO_2 und der gleichen Menge FeO
        zusammen = 24 il

(5)   Die Feldspäte werden nicht immer mit diesem Schritt end-
        gültig berechnet. Vielmehr muß bei kieselsäureärmeren
        Gesteinen stets damit gerechnet werden, daß Foide auf-
        treten. In solchen Fällen tritt am Ende der Berechnung
        ein SiO_2-Defizit auf. Dann muß ein Anteil des Alkalifeld-

spats in Nephelin bzw. Leucit umgerechnet werden. Daher
ist die folgende Berechnung des 5. Schritts häufig nur
<u>provisorisch</u>.

(5a)   or errechnet sich aus $K_2O : Al_2O_3 : SiO_2 = 1 : 1 : 6$.
        $43\ K_2O + 43\ Al_2O_3 + 258\ SiO_2 = \underline{344\ or}$

(5b)   ab errechnet sich aus $Na_2O : Al_2O_3 : SiO_2 = 1 : 1 : 6$.
        $58\ Na_2O + 58\ Al_2O_3 + 348\ SiO_2 = \underline{464\ ab}$

(6a)   Falls nach der Berechnung der Alkalifeldspäte noch ein
        Rest von Al_2O_3 verbleibt, wird dieser im Verhältnis von
        1 : 1 : 2 für die Bildung von Anorthit verbraucht.
        $66\ CaO + 66\ Al_2O_3 + 132\ SiO_2 = \underline{264\ an}$

(6b)   Falls bei kleinen CaO-Werten nach der Anorthitbildung
        noch Al_2O_3 übrig bleibt, wird dieses als <u>c</u> = Korund aus-
        gewiesen (entfällt in diesem Beispiel).

(6c)   Verbleibendes CaO, hier 29, wird später bei Schritt 8
        den femischen Komponenten zugeschlagen.
        Variante zu Schritt 6a: Für den Fall, daß Al_2O_3 kleiner
        ist als CaO, kann vom Rest des CaO, welcher nach den
        Schritten (1) und (2) verblieben ist, ausgegangen werden.
        Das Verhältnis von $CaO : Al_2O_3 : SiO_2 = 1 : 1 : 2$.

(7a)   Manchmal reicht das Al_2O_3 schon für die Albitbildung
        nicht aus. In Alkaligesteinen bleibt dann Na_2O übrig,
        und zur Anorthitbildung kommt es gar nicht. In solchen
        Sonderfällen wird der Rest Na_2O im Schritt (7a) mit einer
        gleichen Menge Fe_2O_3 und der vierfachen Menge SiO_2 zu
        Akmit = <u>ac</u> verrechnet.

(7b)   Im Schritt (7b) wird das vorhandene oder im Falle des
        Schrittes (7a) das überschüssige Fe_2O_3 mit dem nach der
        Pyrit- und Ilmenitbildung noch vorhandenen FeO zu
        Magnetit verrechnet. In diesem Beispiel: $3\ Fe_2O_3 + 3\ FeO = \underline{6\ mt}$

(7c)   In stark oxidierten Gesteinen nach Verbrauch des ganzen
        FeO aus Schritt (7b) noch verbleibendes Fe_2O_3 wird als
        Hämatit = hm ausgewiesen (entfällt hier!).

(8)   Der Rest des CaO wird mit einer äquivalenten Menge SiO_2
        zu Wollastonit verrechnet. 29 CaO + 29 SiO_2 = 58 wo

(9)   Aus dem restlichen FeO, MnO und MgO werden Enstatit =
        2 MgO × 2 SiO_2 und Ferrosilit = 2 (Fe, Mn) O × 2 SiO_2
        gebildet. Auch diese Berechnung ist provisorisch. Bei
        einem SiO_2-Defizit muß eine Umrechnung des Pyroxens
        in Olivin erfolgen.

(9a)   106 MgO + 106 SiO_2 = 212 en

(9b)   51 (Fe, Mn) O + 51 SiO_2 = 102 fs

(10a)   Wenn jetzt noch SiO_2 übrig ist, wird dieses als q dar-
        gestellt. In unserem Beispiel verbleiben 29 SiO_2,
        q = 29.

        Die Berechnung dieses Beispiels ist damit beendet!

(10b)   Ist im anderen Fall kein SiO_2 mehr vorhanden und besteht
        auch kein Defizit, so ist die Normberechnung ebenfalls
        zu Ende. Dieser Fall genau erreichter SiO_2-Sättigung ist
        sehr selten. Bei der Hauptmasse der Tiefengesteine, das
        sind die sauren Typen, tritt freier Quarz auf (10a), bei
        vielen basischen und intermediären Gesteinen werden hin-
        gegen SiO_2-Defizite beobachtet.

(10c)   Stellt sich heraus, daß bei der Berechnung der Norm-
        Minerale mehr SiO_2 verbraucht wurde, als aus der chemi-
        schen Analyse zur Verfügung steht, so muß ein Teil der
        SiO_2-reichen Minerale in SiO_2-ärmere umgeformt werden
        (Tab. 5, Teil 1 und 2, S. 14 und 15).
        Man faßt en und fs zu hy = Hypersthen zusammen und bil-
        det mit gleichen Teilen hy und wo unter Verbrauch des
        gesamten Wollastonits Diopsid = di.

Tab. 3 Berechnungsschema der CIPW-Norm des Quarzdiorits von Čimice [Gewichts-%]

Norm-Minerale	CO_2 1	P_2O_5 3	S 12	TiO_2 12	K_2O 43	Na_2O 58	CaO 106	FeO 71	Fe_2O_3 3	Al_2O_3 167	SiO_2 953	MgO 106	MnO 1	$MZ\times10^3$ $\Sigma=1536$	Gew.-%	Norm-Minerale
cc	1 0,05	–	–	–	–	–	1 0,05	–	–	–	–	–	–	2	0,1	cc
ap	–	3 0,5	–	–	–	–	10 0,6	–	–	–	–	–	–	13	1,1	ap
pr	–	–	12 0,4	–	–	–	–	6 0,4	–	–	–	–	–	18	0,8	pr
il	–	–	–	12 1,0	–	–	–	12 0,9	–	–	–	–	–	24	1,9	il
or	–	–	–	–	43 4,1	–	–	–	–	43 4,4	258 15,5	–	–	344	24,0	or
ab	–	–	–	–	–	58 3,6	–	–	–	58 5,9	348 20,9	–	–	464	30,4	ab
an	–	–	–	–	–	–,	66 3,7	–	–	66 6,7	132 7,9	–	–	264	18,3	an
mt	–	–	–	–	–	–	–	3 0,3	3 0,5	–	–	–	–	6	0,8	mt
wo	–	–	–	–	–	–	29 1,7	–	–	–	29 1,7	–	–	58	3,4	wo
en	–	–	–	–	–	–	–	–	–	–	106 6,4	106 4,3	–	212	10,7	en
fs	–	–	–	–	–	–	–	50 3,6	–	–	51 3,1	–	1 0,1	102	6,8	fs
q	–	–	–	–	–	–	–	–	–	–	29 1,7	–	–	29	1,7	q
														1536	100,0	

(10d)   Der restliche Hypersthen wird in Olivin = $\underline{ol}$ umgeformt.
        Hierbei wird der halbe Anteil SiO_2 des Hypersthens frei
        und das Defizit vermindert oder beseitigt.
        Bei nur ganz gering SiO_2-untersättigten Gesteinen kann
        die völlige Umformung von Hypersthen zu Olivin freien
        Quarz q neben ol schaffen. In solchen Fällen muß die
        Menge von q mit der halben Menge ol zu hy zurückgerech-
        net werden.

(11a)   Verbleibt nach der Umformung des hy in ol weiterhin ein
        SiO_2-Defizit, so wird Albit in Nephelin = $\underline{ne}$ und in
        extremen Fällen, nach Verbrauch des gesamten ab, auch
        noch Orthoklas in Leucit = $\underline{le}$ umgeformt. Diese Schritte
        werden am Beispiel eines Foid-Syenits erläutert werden
        (Tab. 6, S. 17).

Hat man die Verteilung der molekularen Äquivalente auf die
Norm-Minerale abgeschlossen, so ergibt die Addition in den
waagerechten Spalten die Werte für die einzelnen Minerale (Tab. 3).
Deren Summe (hier 1536) muß mit der Summe der Ausgangszahlen übereinstimmen (Tab. 3, 1. Horizontale). Man multipliziert nun die
Zahlen innerhalb des Verteilungsschemas mit den entsprechenden
Molekulargewichten, dividiert durch Tausend und erhält die Gewichtsanteile der Oxide in den Norm-Mineralen. So setzt sich der
Orthoklas in Tab. 3 aus 4,1 Gewichts-% K_2O, 4,4 Gewichts-% Al_2O_3
und 15,5 Gewichts-% SiO_2 zusammen, was einem Gesamtanteil von
24,0 Gewichts-% or entspricht. Die Addition aller Gewichtsanteile
muß 100,0 % ergeben.

Nach abgeschlossener Berechnung der CIPW-Norm ist es für
die Darstellung der gewonnenen Mineralanteile in Diagrammen
nützlich, wenn gewisse Mengenverhältnisse gebildet werden. Besonders wichtig sind die Relationen zwischen Quarz, Feldspat
und Mafiten (Q-F-M), Quarz, Orthoklas und Albit (Q-Or-Ab), Orthoklas, Albit und Anorthit (Or + Ab + An) und andere mehr, die
in Dreiecken dargestellt werden (Flußdiagramm, Anhang).

<u>Berechnungsgang nach Barth</u>

In der Methode nach Barth geht man anders vor. Die Gewichtsanteile der chemischen Analyse in Tab. 2, rechte Seite, werden durch die atomaren Äquivalentgewichte dividiert und mit der Zahl Tausend multipliziert. Die Summe der errechneten Äquivalentzahlen (AZ), hier 1809, wird gleich 100 % gesetzt. Nun werden die jeweiligen Prozentanteile (KÄ) der Kationen und des Schwefels an der Summe 1809 ermittelt.

Diese Normierung der Äquivalentzahlen der chemischen Gesteinsanalyse auf 100 Prozent geht auf P.Niggli (1936) zurück. Sie bietet den großen Vorteil, daß die umständliche Berechnung der Gewichtsanteile der Norm-Minerale überflüssig wird und macht eine schnelle Umformung von Norm-Mineralen in andere auf äquivalenter Basis möglich.

Die Verteilung der Kationenprozentzahlen Barths erfolgt in der gleichen Reihenfolge der Schritte (Tab. 4). Man muß aber darauf achten, daß sich die atomaren Proportionen bei der Mineralbildung von den molekularen unterscheiden. So ist das Verhältnis von Ca : P im zweiten Schritt 1,67 : 1, während CaO : P_2O_5 sich wie 3,3 : 1 verhält.

Im Schritt (5) beträgt das Verhältnis des Alkaliions zum Al und zum Si = 1 : 1 : 3 im Unterschied zum molekularen Verhältnis von (K, Na)$_2$O : Al_2O_3 : SiO_2 = 1 : 1 : 6. Bei der Anorthitbildung ist das atomare Verhältnis Ca : Al : Si = 1 : 2 : 2 gegenüber dem molekularen von 1 : 1 : 2. Magnetit wird aus dem Fe^{3+} und der <u>halben</u> Menge Fe^{2+} gebildet. Um die unterschiedlichen Ergebnisse der beiden Berechnungsmethoden noch einmal vergleichen zu können, sind die Gewichtsanteile aus der Tab. 3 neben die Äquivalentprozentanteile, in Tab. 4 in den beiden Vertikalspalten rechts, gestellt worden.

Vergleicht man nun die Gewichte mit den atomaren Äquivalenten in den beiden Vertikalspalten der Tab. 4 rechts, so zeigt sich der Einfluß der schwereren Atome auf das Gewicht sehr deutlich beim Ilmenit, Ferrosilit und Magnetit, der der leichten Atome bei Albit und Enstatit.

Tab. 4   Berechnungsschema der CIPW-Norm des Quarzdiorits von Čimice nach Barth [Äquiv.-%]

Norm-Minerale	C 1 0,1	P 7 0,4	S 12 0,7	Ti 12 0,7	K 86 4,7	Na 115 6,4	Ca 106 5,9	Fe^{2+} 71 3,9	Fe^{3+} 6 0,3	Al 333 18,3	Si 954 52,6	Mg 106 5,9	Mn 1 0,1	Norm-Minerale KÄ-%	Norm-Minerale Gewichts-% (aus Tab. 3)
cc	0,1	–	–	–	–	–	0,1	–	–	–	–	–	–	0,2 cc	0,1 cc
ap	–	0,4	–	–	–	–	0,7	–	–	–	–	–	–	1,1 ap	1,1 ap
pr	–	–	0,7	–	–	–	–	0,35	–	–	–	–	–	1,05 pr	0,8 pr
il	–	–	–	0,7	–	–	–	0,7	–	–	–	–	–	1,4 il	1,9 il
or	–	–	–	–	4,7	–	–	–	–	4,7	14,1	–	–	23,5 or	24,0 or
ab	–	–	–	–	–	6,4	–	–	–	6,4	19,2	–	–	32,0 ab	30,4 ab
an	–	–	–	–	–	–	3,6	–	–	7,2	7,2	–	–	18,0 an	18,3 an
mt	–	–	–	–	–	–	–	0,15	0,3	–	–	–	–	0,45 mt	0,8 mt
wo	–	–	–	–	–	–	1,5	–	–	–	1,5	–	–	3,0 wo	3,4 wo
en	–	–	–	–	–	–	–	–	–	–	5,9	5,9	–	11,8 en	10,7 en
fs	–	–	–	–	–	–	–	2,7	–	–	2,8	–	0,1	5,6 fs	6,8 fs
q	–	–	–	–	–	–	–	–	–	–	1,9	–	–	1,9 q	1,7 q
	0,1	0,4	0,7	0,7	4,7	6,4	5,9	3,9	0,3	18,3	52,6	5,9	0,1	100,0 KÄ-%	100,0 Gew.-%

1.3 Normberechnung bei SiO_2-Defiziten

Bei den Alkalimagmatiten, jedoch auch bei den häufigen
Ergußgesteinen der Kalkalkalireihe, z.B. den Basalten, reicht oft
das SiO_2 nicht aus, um nur Feldspäte und Pyroxene bilden zu
können. In solchen Fällen müssen Olivin und Feldspatvertreter
als Norm-Minerale eingeführt werden, was auch durchaus den
natürlichen modalen Verhältnissen entspricht. Als Beispiel
sollen hier die Mittelwerte der chemischen Analysen von 414
Nephelin-Basalten normiert werden.

Die Werte der Gewichtsprozente sind in der obersten
Horizontalspalte der Tab. 5 aufgeführt. Unter den Oxiden sind
die molekularen Äquivalentzahlen, welche mit 10^3 multipliziert
wurden, angegeben. Die Verteilung erfolgt nun wie im vorhergehenden Beispiel des Quarzdiorits. Bei den Nephelin-Basalten
ergibt sich jedoch ein SiO_2-Defizit von 161,3. Daher müssen
jetzt die Schritte (10) und (11) des Berechnungsschemas (S. 8 und 10)
ausgeführt werden.

Aus den 175,6 Wollastonit wird mit einer gleich großen
Menge Hypersthen der Diopsid gebildet (Schritt (10c)). Neben
351,2 neu gebildetem Diopsid verbleiben noch 307,4 hy im Rest

Beim Hypersthen entfallen 2 (Mg, Fe, Mn)O auf 2 SiO_2,
beim Olivin hingegen auf nur 1 SiO_2. Will man das SiO_2-Defizit
abbauen, so bietet sich die Umformung von Pyroxen in Olivin an
(Schritt (10d)). Dabei werden 76,8 SiO_2 gewonnen und das Defizit
auf 84,5 SiO_2 verringert.

Im nächsten Schritt (11a) wird nun ein Teil des Albits in
Nephelin umgeformt. Die molekularen Verhältnisse der beiden
Minerale sind die folgenden:

Albit	1 Na_2O : 1 Al_2O_3 : 6 SiO_2
Nephelin	1 Na_2O : 1 Al_2O_3 : 2 SiO_2

Tab. 5 Berechnung der CIPW-Norm von 414 Nephelin-Basalten nach Hess und Poldervaart (1967-68) (Teil 1)

Norm-Minerale	0,53	2,6	1,7	3,4	10,1	15,6	46,0	3,5	7,9	0,16	7,4	Gew.-%
	P_2O_5	TiO_2	K_2O	Na_2O	CaO	Al_2O_3	SiO_2	Fe_2O_3	FeO	MnO	MgO	Oxide
	3,7	32,5	18,0	54,9	180,1	153,0	765,6	21,9	110,0	2,3	183,6	$MZ \times 10^3$
ap	3,7	–	–	–	12,2	–	–	–	–	–	–	15,9 ap
il	–	32,5	–	–	–	–	–	–	32,5	–	–	65,0 il
or	–	–	18,0	–	–	18,0	108,0	–	–	–	–	144,0 or
ab	–	–	–	54,9	–	54,9	329,4	–	–	–	–	439,2 ab
an	–	–	–	–	80,1	80,1	160,2	–	–	–	–	320,4 an
mt	–	–	–	–	–	–	–	21,9	21,9	–	–	43,8 mt
wo	–	–	–	–	87,8	–	87,8	–	–	–	–	175,6 wo
hy	–	–	–	–	–	–	241,5	–	55,6	2,3	183,6	483,0 hy

$$926,9 = 161,3 \ SiO_2 \ \text{zuviel verbraucht!}$$

Schritt (10c) $175,6 \ wo + 175,6 \ hy = 351,2 \ di$

$483,0 \ hy - 175,6 \ hy = 307,4 \ hy$

Schritt (10d) $153,7 \ (Mg,Fe,Mn)O + 153,7 \ SiO_2 = 307,4 \ hy$

$153,7 \ (Mg,Fe,Mn)O + 76,8 \ SiO_2 = 230,5 \ ol + \underline{76,8 \ SiO_2}$

Eintragungen im Teil 2 auf S. 15

Durch die Umformung von Hypersthen in Olivin wurde das SiO_2-Defizit um 76,8 auf 84,5 vermindert.

Schritt (11a) $54,9 \ Na_2O + 54,9 \ Al_2O_3 + 329,4 \ SiO_2 = 439,2 \ ab$

$\left\{ \begin{array}{l} 33,8 \ Na_2O + 33,8 \ Al_2O_3 + 202,8 \ SiO_2 = 270,4 \ ab \\ 21,1 \ Na_2O + 21,1 \ Al_2O_3 + 42,2 \ SiO_2 = 84,4 \ ne + \underline{84,4 \ SiO_2} \end{array} \right\}$

Durch die Umformung von Albit in Nephelin wird das restliche SiO_2-Defizit beseitigt.

Tab. 5   Berechnung der CIPW-Norm von 414 Nephelin-Basalten   (Teil 2)

P_2O_5	TiO_2	K_2O	Na_2O	CaO	Al_2O_3	SiO_2	Fe_2O_3	FeO	MnO	MgO	Norm-Minerale MZ×1000 Σ =1525,6	Gew.-%
3,7	32,5	18,0	54,9	180,1	153,0	765,6	21,9	110,0	2,3	183,6		
3,7	–	–	–	12,2	–	–	–	–	–	–	15,9 ap	
0,53				0,68								1,2 ap
–	32,5	–	–	–	–	–	–	32,5	–	–	65,0 il	
	2,60							2,33				4,9 il
–	–	18,0	–	–	18,0	108,0	–	–	–	–	144,0 or	
		1,70			1,83	6,49						10,0 or
–	–	–	33,8	–	33,8	202,8	–	–	–	–	270,4 ab	
			2,10		3,45	12,22						17,8 ab
–	–	–	–	80,1	80,1	160,2	–	–	–	–	320,4 an	
				4,50	8,18	9,63						22,3 an
–	–	–	21,1	–	21,1	42,2	–	–	–	–	84,4 ne	
			1,30		2,13	2,51						6,0 ne
–	–	–	–	–	–	–	21,9	21,9	–	–	43,8 mt	
							3,50	1,57				5,1 mt
–	–	–	–	87,8	–	175,6	–	–	–	87,8	351,2 di	
				4,92		10,54				3,54		19,0 di
–	–	–	–	–	–	76,8	–	55,6	2,3	95,8	230,5 ol	
						4,61		3,99	0,16	3,86		12,6 ol
0,53	2,60	1,70	3,40	10,10	15,59	46,00	3,50	7,89	0,16	7,40	1525,6	98,9
												1,1 H_2O^+
												100,0

Formt man jetzt Albit in Nephelin um, so werden 4 SiO_2 frei.
Die äquivalente Menge von 4 SiO_2 beträgt gerade 1 Nephelin oder
1 Na_2O + 1 Al_2O_3 + 2 SiO_2. Da das verbliebene Defizit 84,5 SiO_2
beträgt, dividieren wir 84,5 durch 4 und erhalten die Maßzahl,
nämlich 21,1 für die Albitumformung. Es ergeben sich nun aus
der Umformung von 439,2 ab = 84,4 ne + 270,4 ab + 84,4 SiO_2.
Mit den derart gewonnenen 84,4 SiO_2 ist jetzt das SiO_2-Defizit
restlos abgebaut worden.

Die durch die Pyroxen- und Albitumformung neu gebildeten
Proportionen sind im Teil 2 der Tab. 5 (S. 15) enthalten. Durch
Multiplikation mit den Molekulargewichten erhält man die Norm-
Minerale in Gewichtsprozent. Die oberste horizontale Zahlenreihe und die vertikale Reihe der molekularen Äquivalentzahlen
müssen die gleiche Summe ergeben, hier 1525,6. Die gleiche Kon-
trolle gilt für die Gewichtswerte, wenn man die unterste Horizontalspalte und die letzte Vertikalspalte addiert. Es ergibt
sich die gleiche Summe von 98,9 Gewichtsprozent.

Der Gewichtswert des Kristallwassers, welches nicht in die
Normberechnung einbezogen wird, sollte stets zur Information
hinzugefügt werden.

Bei extremen Kaligesteinen kann das SiO_2-Defizit nicht über
die Olivin- und Albitumformung vollkommen beseitigt werden. In
solchen Fällen wird der gesamte Albit in Nephelin umgewandelt
und dazu noch ein Teil des Orthoklases in Leucit (Schritt (11b)).
Ein solches Beispiel bietet ein leucitphonolithischer Auswürf-
ling von der Monte Somma, welches nach der Barthschen Methode
berechnet wird (Tab. 6).

Die aus den Gewichtsanteilen der Oxide berechneten atomaren
Äquivalentzahlen (AZ) mit einer Summe von 1862,3 werden auf
100 % bezogen. Die Prozentwerte der Kationen (KÄ-%) werden zur
Ausgangsbasis der Verteilung auf die Norm-Minerale gemacht.

Im Gegensatz zur molekularen Normberechnung sind hier die
Proportionen wie in den modernen Strukturformeln der Minerale,

Tab. 6   Berechnung der CIPW-Norm eines extremen Alkaligesteins von der Monte Somma
nach Barth

P_2O_5	K_2O	Na_2O	CaO	Al_2O_3	SiO_2	Fe_2O_3	FeO	MgO	Oxide
0,10	11,19	5,25	3,00	22,85	54,62	1,51	1,08	0,36	Gewichts-%
P^{5+}	K^+	Na^+	Ca^{2+}	Al^{3+}	Si^{4+}	Fe^{3+}	Fe^{2+}	Mg^{2+}	Kationen
1,4	237,6	169,4	53,5	448,2	909,1	18,9	15,0	8,9	$AZ \times 10^3$
0,1	12,8	9,1	2,8	24,1	48,8	1,0	0,8	0,5	KÄ-%
0,1	–	–	0,2	–	–	–	–	–	0,3 ap
–	12,8	–	–	12,8	38,4	–	–	–	64,0 or
–	–	9,1	–	9,1	27,3	–	–	–	45,5 ab
–	–	–	1,1	2,2	2,2	–	–	–	5,5 an
–	–	–	–	–	–	1,0	0,5	–	1,5 mt
–	–	–	1,5	–	1,5	–	–	–	3,0 wo
–	–	–	–	–	0,8	–	0,3	0,5	1,6 hy

$$70,2 = 21,4 \text{ Si Defizit} \longleftrightarrow 121,4 \text{ Ä-%}$$

Schritt (11a) (9,1 Na + 9,1 Al + 27,3 Si) $\longrightarrow$ (9,1 Na + 9,1 Al + 9,1 Si)

45,5 ab $\longrightarrow$ 27,3 ne   + 18,2 Si

Schritt (11b) (3,2 K + 3,2 Al + 9,6 Si) $\longrightarrow$ (3,2 K + 3,2 Al + 6,4 Si)   + 3,2 Si

16,0 or $\longrightarrow$ 12,8 le

Norm

| 0,3 ap |
| 48,0 or |
| 12,8 le |
| 27,3 ne |
| 5,5 an |
| 1,5 mt |
| 3,0 wo |
| 1,6 hy |

100,0 Ä-%

z.B. beim Magnetit 2 : 1 für Fe^{3+} : Fe^{2+} und bei den Alkali-
feldspäten 1 : 1 : 3 für Alkali : Al : Si bzw. 1 : 2 : 2 beim
Anorthit. Die Verteilung ergibt ein Defizit von 21,4 Si.

Im Schritt (11a) wird der gesamte Albit in Nephelin umgeformt. Danach verbleibt immer noch ein Defizit von 3,2 Si. Daher wird im Schritt (11b) die Menge von 16,0 or in 12,8 le
+ 3,2 Si umgeformt und damit das Defizit beseitigt.

Die Schritte (10c) und (10d) können in diesem Beispiel
nicht vorgenommen werden, da bei der Diopsidbildung aus wo
+ hy zu gleichen Teilen kein Hypersthen übrigbliebe, sondern
Wollastonit im Überschuß verbliebe. Damit entfällt auch die
Olivinbildung aus Hypersthen, und es kann auf diese Weise kein
Si zur Beseitigung des Si-Defizits gewonnen werden.

Literatur zu Kap. 1

Barth, T.F.W. (1931): Proposed change in calculation of norms
      of rocks. - Tscherm. min. petrogr. Mitt. XLII, 1-7

Barth, T.F.W. (1939): Die Eruptivgesteine. - In: C.W.Correns (Hrsg.)
      Die Entstehung der Gesteine, Springer-Verlag, Berlin

Barth, T.F.W. (1952): Theoretical Petrology. - J. Wiley & Sons,
      New York - London (1962) 2nd ed.

Barth, T.F.W. (1955): Presentation of rock analyses. -
      J. Geol. 63, 348-363

Becke, F. (1903): Die Eruptivgesteine der böhmischen Mittel-
      gebirge und der amerikanischen Anden. Atlantische und
      pazifische Sippe der Eruptivgesteine. - Tscherm. min.
      petrogr. Mitt. XXII, 209-265

Becke, F. (1925): Graphische Darstellungen von Gesteinsanalysen. -
      Tscherm. min. petrogr. Mitt. 37, 27-56

Burri, F. (1944): Über logarithmische Rechenmittel in Mineralo-
      gie und Petrographie. - Schweiz. min. petrogr. Mitt. 24,
      302-315

Chayes, F. and Yoder, H.S. (1971): Some anomalies in the norms
      of extremely undersaturated lavas. - Carnegie Institution
      Yearbook 70, 205-206

Cross, W., Iddings, P.J., Pirsson, L.V. and Washington, H.S. (1902):
    A quantitative chemico-mineralogical classification and
    nomenclature of igneous rocks. - J. Geol. 10, 555-690

Cross, W., Iddings, P.J., Pirsson, L.V. and Washington, H.S. (1903):
    Quantitative classification of igneous rocks. - Chicago
    University Press

Cross, W., Iddings, P.J., Pirsson, L.V. and Washington, H.S. (1912):
    Modifications of the quantitative system of classification
    of igneous rocks. - J. Geol. 20, 550-561

Eskola, P. (1954): A proposal for the presentation of rock
    analyses in ionic percentage. - Ann. Acad. Fennicae (A) III,
    38

Hess, H.H. and Poldervaart, A. (1967-68): Basalts. - 2 vols.,
    J. Wiley & Sons, New York

Holmes, A. (1921): Petrographic methods and calculations. -
    Murby,London

Johannsen, A. (1931-38):A descriptive petrography of the igneous
    rocks. - 4 vols., Chicago University Press

Niggli, P. (1923): Gesteins- und Mineralprovinzen I. -
    Gebr. Borntraeger, Berlin

Niggli, P. (1936): Über Molekularnormen zur Gesteinsberechnung. -
    Schweiz. min. petrogr. Mitt. 16, 295-317

Niggli, P. (1950): On the presentation of geochemical data. -
    Int. Geol. Congr. Rep. 18th session, Great Britain 1948,
    Part II, Proc. Sect. A: Problems of geochemistry 101-115

Niggli, P. und Niggli, E. (1948): Gesteine und Minerallager-
    stätten I. - Birkhäuser, Basel

Osann, A. (1899): Versuch einer chemischen Klassifikation der
    Eruptivgesteine. - Tscherm. min. petrogr. Mitt. XIX,
    351-469

Osann, A. (1903): Beiträge zur chemischen Petrographie I.
    Molekularquotienten zur Berechnung von Gesteinsanalysen. -
    Schweizerbart, Stuttgart

Rittmann, A. (1973): Stable mineral assemblages of igneous
    rocks. - Springer, Berlin - Heidelberg - New York

Sawarizki, A.N. (1954): Einführung in die Petrochemie der
    Eruptivgesteine. - Akademie Verlag, Berlin

Streckeisen, A. (1966): Die Klassifikation der Eruptivgesteine. -
    Geol. Rundschau 55, 478-491

Streckeisen, A. (1967): Classification and nomenclature of
     igneous rocks. - N. Jahrb. Mineral. Abh. 107, 144-240

Streckeisen, A. (1968): Account of classification and
     nomenclature of igneous rocks. - Reprint 23rd Intern.
     Congr. Prague

Tröger, W.E. (1935): Spezielle Petrographie der Eruptivgesteine. -
     Deutsche Mineralogische Gesellschaft, Berlin

Troll, G. (1968): Gliederung der redwitzitischen Gesteine
     Bayerns nach Stoff- und Gefügemerkmalen. Teil I: Die
     Typlokalität von Marktredwitz in Oberfranken. -
     Bayerische Akad. Wiss. Abh. N.F. Heft 133, Becksche
     Verlagsbuchhandlung, München

Washington, H.S. (1917): The quantitative classification of
     igneous rocks. - U.S. Geol. Surv. Prof. Pap. 99,
     Appendix 1-3, 1151-1180

Wolff, F.von (1922): Die Prinzipien einer quantitativen Klassi-
     fikation der Eruptivgesteine, insbesondere der jungen
     Ergußgesteine. - Geol. Rundschau 13, 9-17

Wolff, F. von (1951): Gesteinskunde. Die Eruptivgesteine. -
     Rudolf Lang, Pössneck

2. Niggli-Werte

Schon bald erhoben sich gegen die CIPW-Norm kritische Stimmen. Es muß als Mangel empfunden werden, daß die normativen Minerale mit den tatsächlich im Gestein vorhandenen modalen Mineralen nicht übereinstimmen. Ferner vertrat Paul Niggli (1923) die Meinung, daß man auf äquivalent-chemischer Basis zu einer universalen Darstellungsart für alle Gesteine, also magmatische, sedimentäre und metamorphe, gelangen müßte. Diese sollte "leicht einer graphischen Behandlung fähig sein, denn nur auf diese Weise lassen sich Hunderte von petrographischen Provinzen hinsichtlich der chemischen Beziehungen miteinander vergleichen" (Niggli, 1923, S. 51). Niggli entwickelte ein solches System von chemischen Gesteinskennwerten, das nach ihm benannt und unter dem Namen "Niggli-Werte" in der Petrographie weite Verbreitung gefunden hat.

Niggli ging von der Überlegung aus, daß bei den Silikaten die Mineralbildungen von den Verhältnissen zwischen dem Silizium einerseits und den wichtigsten Kationen Al, Fe, Mg, Mn, Ca und K andererseits bestimmt werden. Neben Druck, Temperatur und dem Anteil fluider Phasen ist vor allem die chemische Zusammensetzung der Schmelze bestimmend dafür, welche Minerale auskristallisieren können.

In leukokraten Gesteinen, wie Graniten und Syeniten, sind die Alkalien dominierend. Fe, Mg, Mn und Ca treten in ihnen hingegen zurück. Bei den melanokraten Gesteinen ist es genau umgekehrt. Auch das Aluminium spielt eine wichtige Rolle, da es nach Silizium das bedeutendste Kation in der Erdkruste ist. Außerdem kann Al in tetraedrischen Gitterpositionen das Si vertreten, zum anderen aber auch in oktaedrischer Koordination auftreten.

Daher werden die molekularen Äquivalentzahlen der oben genannten Elemente vom Al bis zum K zur Basis der Niggli-Werte gemacht (Tab. 7, molekulare Basiszahlen, Spalte a). Die Basiszahlen werden in geeigneter Weise zusammengefaßt (Spalte b). Das Fe_2O_3 wird in FeO umgerechnet und diesem zugeschlagen. Man zieht

<u>Tab. 7</u>   <u>Rechenschema für die Niggli-Werte</u>

Durchschnittswerte von 414 Nephelin-Basalten

nach Hess und Poldervaart (1967-68), siehe auch S. 13-16

Oxide	Gew.-%	$MZ \times 10^3$	Molekulare Basiszahlen a.	b.	Niggli-Werte	
SiO_2	46,0	765,6				
TiO_2	2,6	32,5				
Al_2O_3	15,6	153,0	153,0	153,0	al	20,5
Fe_2O_3	3,5	21,9 als FeO → 43,8				
FeO	7,9	110,0	110,0			
MnO	0,16	2,3	2,3	339,7	fm	45,5
MgO	7,4	183,6	183,6			
CaO	10,1	180,1	180,1	180,1	c	24,2
Na_2O	3,4	54,9	54,9			
K_2O	1,7	18,0	18,0	72,9	alk	9,8
P_2O_5	0,53	3,7	745,7 =	745,7	=	100,0 %
H_2O^+	1,1	61,1				
	100,0	1586,7				

$$si = (765,6 : 7,457) = 102,7$$

$$ti = (\ 32,5 : 7,457) = \ \ 4,4$$

$$p = (\ \ 3,7 : 7,457) = \ \ 0,5$$

$$h = (\ 61,1 : 7,457) = \ \ 8,2$$

$$k = \frac{18,0}{18,0 + 54,9} = 0,25$$

$$mg = \frac{183,6}{183,6 + 156,1} = 0,54$$

$$w = \frac{43,8}{43,8 + 110,0} = 0,28$$

$$\frac{c}{fm} = \frac{24,2}{45,5} = 0,53$$

nun FeO, MnO und MgO, welche chemisch sehr ähnlich sind und sich
in den Mischkristallen der Silikate weitgehend diadoch vertreten,
zu einem Wert, der hier 339,7 beträgt, zusammen. Bei chemischen
Analysen, die auch Werte für die Oxide des Chroms, Nickels und
Kobalts enthalten, werden diese dem FeO zugeschlagen.

CaO steht allein. Enthält jedoch die chemische Analyse BeO,
BaO oder SrO, so werden deren Anteile dem CaO zugegeben.

Die Alkalioxide werden zusammengefaßt und ergeben in unserem
Beispiel den Wert 72,9. Auf diese Weise erhält man in der Spalte b
vier Basiszahlen, deren Summe für unser Rechenbeispiel 745,7 beträgt. Dieser Wert wird gleich 100 % gesetzt. Bezieht man jetzt
die vier Basiszahlen auf 100 %, so erhält man die Niggli-Werte
al = 20,5, fm =45,5, c = 24,2 und alk = 9,8.

In der gleichen Weise, wie die Niggli-Werte al, fm, c und
alk durch Division (Tab. 7, Divisor = 7,457) berechnet werden,
ermittelt man nun auch die restlichen Niggli-Werte, z.B. si =
765,6/7,457 = 102,7. Diese haben folgende Symbole: SiO_2 = si,
TiO_2 = ti, P_2O_5 = p, CO_2 = co_2, H_2O^+ = h. Man entnimmt die.Werte
der zweiten Zahlenspalte der Tab. 7 ($MZ \times 10^3$).

Zur weiteren Charakterisierung werden noch folgende Niggli-
Werte gebildet (Tab. 7, unten rechts):

$$k = \frac{K_2O}{K_2O + Na_2O}; \quad mg = \frac{MgO}{MgO + FeO + MnO} \; (FeO = \text{Gesamteisen}); \; \frac{c}{fm}$$

und ferner zur Kennzeichnung des Oxidationsgrades $w = \frac{2Fe_2O_3}{2\,Fe_2O_3 + FeO}$.

Sind in der chemischen Analyse noch andere Oxide bestimmt worden,
so wird analog verfahren. ZrO_2 wird als zr, F_2 als f_2, S als s
usw. berechnet.

Ein weiterer viel gebrauchter Niggli-Wert ist die Quarz-
zahl qz. Man berechnet aus den Werten für alk, c, fm und al die
höchstsilifizierten Silikate, nämlich Feldspäte und Pyroxene.
Da diese vier Niggli-Parameter in den verschiedenen Gesteinstypen sehr unterschiedliche Werte besitzen, sind auch verschiedene Berechnungswege notwendig. Das Ziel ist jedoch stets gleich,
nämlich aus der Berechnung der höchstsilifizierten Minerale eine
Maßzahl si' zu erhalten, die von dem aus der chemischen Analyse
berechneten si-Wert abgezogen wird: si - si' = qz.

Hierbei sind drei Fälle zu unterscheiden:

si > si', damit wird der Wert von qz positiv. Solche Gesteine
enthalten modal meist freien Quarz.

si < si', damit wird der Wert von qz negativ. Derartige Gesteine
sind an SiO_2 untersättigt und enthalten meist Foide
bzw. Olivin in ihren modalen Mineralbeständen.

si = si' Dieser Fall der gerade erreichten SiO_2-Sättigung ist
sehr selten.

Für die Berechnung der höchstsilifizierten Minerale gelten
die bereits bei der Behandlung der CIPW-Norm besprochenen molekularen Äquivalente (S.2-8).

Bei den nicht veränderten magmatischen Gesteinen muß man
zwei Fälle unterscheiden, nämlich al > alk oder al < alk. Bei
extrem veränderten Gesteinen tritt auch noch folgender Fall auf:
al > (alk + c) Burri (1959, S. 61).

Im ersten Fall al > alk werden für die Bildung der höchstsilifizierten Gemengteile folgende äquivalente Mengen si gebraucht:

si' =   6 alk   + 2(al - alk) + [c - (al - alk)] + fm
     Alkalifeldspat Anorthit   Diopsid   + Orthopyroxen

si' = 100 + 4 alk

Diese einfache Formel resultiert aus der Definition Nigglis,
die (al + fm + c + alk) = 100 setzt.

24

Für unser Beispiel der Tab. 7 ergibt sich also:

si' = 6 × 9,8 + 2 × (20,5-9,8) + 24,2 - (20,5-9,8) + 45,5 = 139,2
si' = 100 + (4 × 9,8)   = 139,2
qz = 102,7 - 139,2   (si - si' = qz, S. 24)
qz = - 36,5
=============

Im zweiten Fall al < alk verbleibt nach der Bildung des Alkali-
feldspats noch ein Alkali-Überschuß, der zur Ägirin-Bildung benutzt wird.

si' =   6 al + 4 (alk - al) + c + [fm - 2 (alk - al)]
     Alk-Fsp   Ägirin   Diopsid   + Ägirin
si' = 100 + 3 al + alk

    Als Beispiel kann hier die chemische Analyse eines Natron-
trachyts von Puu Waawaa, Hualalai (Hawaii) herangezogen werden,
welche von Rittmann (1960, S. 116-117) veröffentlicht wurde.
Ihre Niggli-Werte sind: si = 230,7; al = 38,1; fm = 16,7;
c = 3,6 und alk = 41,6.
Damit ist al < alk, und si' errechnet sich wie folgt:

si' = 100 + (3 × 38,1) + 41,6 = 255,9
qz = 230,7 - 255,9
qz = - 25,2
=============

Weitere Niggli-Werte und Darstellungsmethoden auf äquivalenter
Grundlage finden sich ausführlich bei Burri (1959).

Literatur zu Kap. 2

Barth, T.F.W. (1939): Die Eruptivgesteine. - In: C.W.Correns (Hrsg.)
    Die Entstehung der Gesteine, Springer-Verlag, Berlin

Barth, T.F.W. (1952): Theoretical Petrology. - J. Wiley & Sons,
    New York - London (1962), 2nd ed.

Burri, C. (1956): Bemerkungen zur Anwendung der Niggli-Werte. -
    Schweiz. min. petrogr. Mitt. 36, 29-48

Burri, C. (1959): Petrochemische Berechnungsmethoden auf äqui-
    valenter Grundlage. - Birkhäuser, Basel - Stuttgart

Hess, H.H. and Poldervaart, A. (1967-68): Basalts. 2 vols. -
    J. Wiley & Sons, New York

Niggli, P. (1923): Gesteins- und Mineralprovinzen I. -
    Gebrüder Borntraeger, Berlin

Niggli, P. (1927): Zur Deutung der Eruptivgesteinsanalysen
    auf Grund der Molekularwerte. - Schweiz. min. petrogr.
    Mitt. 7, 116-133

Niggli, P. (1931): Die quantitative mineralogische Klassifi-
    kation der Eruptivgesteine. - Schweiz. min. petrogr.
    Mitt. 11, 296-364

Niggli, P. (1936): Über Molekularnormen zur Gesteinsberechnung. -
    Schweiz. min. petrogr. Mitt. 16, 295-317

Niggli, P. und Niggli, E. (1948): Gesteine und Minerallager-
    stätten I. - Birkhäuser, Basel

Peacock, M.A. (1931): Classification of igneous rocks series. -
    J. Geol. 39, 54-67

Rittmann, A. (1960): Vulkane und ihre Tätigkeit. 2. Aufl. -
    F. Enke, Stuttgart

Washington, H.S. (1915): The correlation of potassium and
    magnesium, sodium and iron, in igneous rocks. -
    Proc. National Acad. Sci. 1, 575-578.

3.   Anwendung der Niggli-Werte zu vergleichenden petrographischen Studien

3.1   Der Begriff des Magmentypus

Die Werte si, al, fm, c, alk, k und mg wurden von P. Niggli
benutzt, ein System von Magmentypen zur Charakterisierung der
magmatischen Gesteinschemismen zu entwickeln. Dieses System bezieht sich ausschließlich auf die chemischen Verhältnisse und
stellt somit keine Gesteinsklassifikation im petrographischen
Sinne dar. Es wurde im Jahre 1920 von P. Niggli, teilweise im
Anschluß an die Systematik A. Osanns, eingeführt und in der Folge
mehrfach überarbeitet und verfeinert (P. Niggli 1923, 1936,
C. Burri 1945 und 1959).

Der von P. Niggli gebrauchte Begriff "Magmentypus" wurde
von anderen Autoren, z.B. von E.B. Bailey et al. (1924) etwas
anders verstanden, gilt jedoch heute generell als eine Kurzbe-
zeichnung zur Charakterisierung des Gesteinschemismus von magmatischen Gesteinen. Der modal vorhandene Mineralbestand bleibt
bei dieser chemischen Systematik völlig außer Betracht. Der
Nigglische Magmentypus ist daher zur vollständigen Zuordnung
eines magmatischen Gesteins nicht ausreichend. Schon zu der
groben Unterscheidung von Intrusiv- und Extrusivgesteinen muß
man zusätzlich die Gefüge beschreiben. Für eine genauere Klassifikation des Magmatis muß ferner der modale Mineralbestand bekannt sein.

Für die Systematik der Magmentypen kann von der mittleren
Zusammensetzung der Eruptivgesteine der äußeren Lithosphäre aus-
gegangen werden, für welche etwa die folgenden Mittelwerte gelten:

si	al	fm	c	alk	k	mg
200	30	32	18	20	0,35	0,50

Magmentypen, bei denen al ungefähr gleich fm ist (Werte zwischen
26 und 32), nennt man isofal.

Von diesen Gesteinen ausgehend, wurden folgende Bezeich-
nungen eingeführt, wobei die Zeichen (+) größere, (-) kleinere
und (∿) ähnliche Werte gegenüber den isofalen bedeuten.

al	fm		Ferner gilt nach Niggli und Burri
(+)	(-)	salische Magmen	bezüglich der al/alk-Verhältnisse
(-)	(+)	femische Magmen	alk > al — peralkalische Magmen
(∿)	(-)	subfemische Magmen	
(-)	(∿)	subalische Magmen	alk = al bis 2/3 al — relativ alkali-reiche Magmen
(-)	(-)	subalfemische Magmen	alk = 2/3 bis 1/2 al — intermediär alkalische Magmen
(+)	(+)	peralfemische Magmen	
(+)	(∿)	semialische Magmen	alk < 1/2 al — relativ alkali-arme Magmen
(∿)	(+)	semifemische Magmen	

Gesteine mit c > 25 werden von c-reichen Magmen, solche mit
c-Werten von 15–25 von c-normalen und c ≦ 15 von c-armen Magmen
abgeleitet.

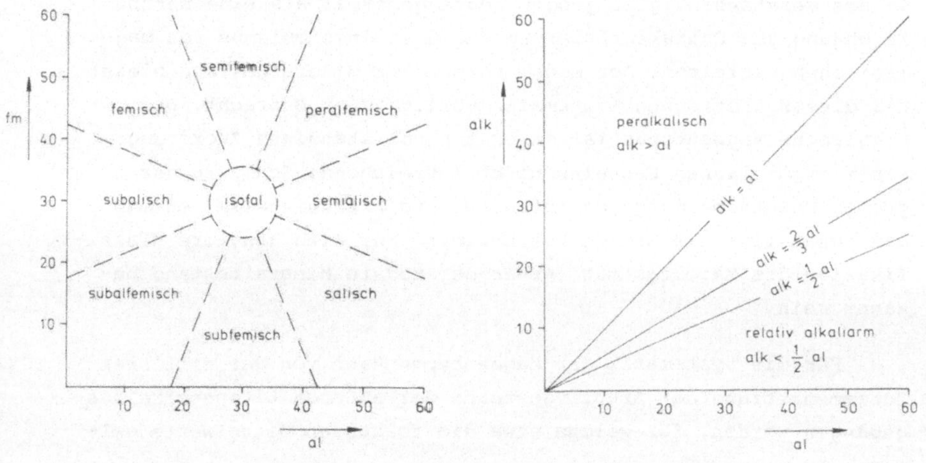

Bild 1   Einteilung der Magmen nach Niggli und Burri
           a. nach al/fm-Verhältnissen
           b. nach al/alk-Verhältnissen

A. Magmen der Kalkalkalireihe

	si	al	fm	c	alk	k	mg
a) Leukogranitische Magmen (ausgesprochen salisch, sauer, meist alkalireich und c-arm)	460-350	47-43	6-14	5-13	40-30	0,5-0,4	0,3-0,25
b) Granitische Magmen (isofal bis schwach salisch oder subfemisch, meist sauer, intermediär bis alkalireich, kalk-arm bis normal)	380-225	37,5-32	22,5-32	9-18	27-18	0,45	0,45-0,3
c) Granodioritische Magmen (salisch, alkaliarmer als leukogranitische, meist noch deutlich sauer, c-normal)	300-200	42-38	21-24	15-24	23-16	0,5-0,2	0,4-0,3
d) Trondhjemitische Magmen (salisch, sauer, alkali-reich bis intermediär, c-arm bis normal)	450-300	47-42	4-20	3,5-20	42-27,5	0,25-0,15	0,4-0,2
e) Quarzdioritische Magmen (isofal bis schwach femisch, neutral bis schwach sauer, inter-mediär bis alkaliarm, c variabel)	225-180	33-30	31-40	10-23	20-12	0,4-0,2	0,5-0,4
f) Dioritische Magmen (isofal bis schwach femisch, neutral bis schwach basisch, meist alkaliarm bis inter-mediär und c-normal)	155-135	30-25	35-42	21-21,5	14-9,5	0,3-0,25	0,5
g) Gabbrodioritische Magmen (femisch, neutral bis basisch, meist alkali-arm und c-normal)	150-130	25-19	43-51	21-22,5	10,5-9	0,25-0,2	0,5
h) Gabbroide Magmen (femisch, basisch, alkaliarm und c-reich bis c-normal)	130-80	25-18	40,5-55	17-31,5	7,5-3	0,2-0,1	0,7-0,5
i) Leukogabbroide Magmen (isofal bis schwach femisch oder subalisch, basisch bis neutral, meist c-reich, alkaliarm)	200-100	30-26,5	31-40	26,5-30	15-4	0,25-0,2	0,6-0,3
k) Plagioklasitische Magmen (salisch, meist neutral bis basisch, z.T. c-reich und alkaliarm)	220-120	46,5-35	4-22	22-40	24-7	0,2-0,1	0,55-0,3
l) Hornblenditische Magmen (stark femisch, basisch, alkaliarm, c-normal bis c-arm)	120-80	19-1	60-80	14-23	5-1	---	0,8-0,6
m) Pyroxenitische Magmen (femisch bis stark femisch, basisch, alk variabel, c-reich)	125-60	19-3	49-66	27-35	7-1	---	0,8-0,5
n) Orthaugitisch-peridotitische Magmen (sehr stark femisch, basisch, c-arm)	95-15	6-4	90-91	2-5	1	variabel	variabel

B. Magmen der Natronreihe

	si	al	fm	c	alk	k	mg
a) Alkaligranitische Magmen (salisch, sauer, alkalireich, c-arm)	450-260	46-35	6-21	3-9	45-35	0,35-0,3	0,2-0,15
b) Evisitische Magmen (subfemisch, isofal bis schwach femisch, sauer, peralkalisch, c-arm)	320-300	30-22,5	20-42	2-7	43-32,5	0,4-0,3	0,2-0,1
c) Foyaitische Magmen (salisch bis subfemisch, neutral bis basisch, alkalireich, c-arm bis c-normal)	220-115	41-32	12-22	5-18	41-28	0,3-0,2	0,4-0,2
d) Lujavritische Magmen (subfemisch, isofal bis subalisch, neutral bis basisch, peralkalisch, c-arm)	170-100	35-20	15-32	5-8	42-38	0,2-0,1	0,2-0,1
e) Subplagifoyaitische Magmen (salisch, meist neutral bis basisch, alkalireich bis intermediär, c-arm bis c-normal)	230-100	46-36	12,5-18	2-17	39,5-30	0,3-0,2	0,3-0,25
f) Essexitdioritische Magmen (salisch bis subfemisch)	170-140	37-33	20-23	17-23	25-20	0,3-0,25	0,4-0,35
g) Natronsyenitische Magmen (meist isofal bis schwach femisch, meist sauer bis intermediär, meist alkalireich und c-arm)	300-140	35-26,5	28-39	5-14	32-23	0,3-0,2	0,5-0,2
h) Ijolithische Magmen (subalisch bis subfemisch, meist basisch, oft noch alkalireich und c-reich)	213-55	29-14	25-33	19-49	30-7	0,25-0,15	0,7-0,25
i) Essexitische Magmen (isofal, meist neutral, intermediär und c-normal)	175-130	30	30	20	20	0,3	0,4
k) Theralithische Magmen (femisch bis subalisch, basisch, alkalireich, meist c-normal)	110-85	21-17,5	38-47	21-23	18-14,5	0,25-0,2	0,55-0,45
l) Natrongabbroide Magmen (schwach femisch bis femisch, basisch, alkali-intermediär bis alkaliarm, meist c-normal bis c-arm)	135-95	24-20	39-50	13,5-24	16-9,5	0,25	0,6-0,45
m) Theralithgabbroide Magmen (isofal, subalisch bis femisch, basisch, öfters alkaliarm und c-reich)	110-90	27-20	31-40	25-32	15-8	0,25	0,5-0,4
n) Gabbrotheralithische Magmen (isofal, subalisch bis femisch, basisch, öfters alkaliarm und c-reich)	100	17-15	40-43	27,5-35	12,5-10	0,25-0,2	0,5-0,45
o) Melanatrongabbroide Magmen (femisch bis stark femisch, relativ alkalireich, c-normal bis hoch, basisch)	100-50	17-8	49-68,5	16-32,5	10-6	0,3-0,15	0,8-0,4
p) Alkalipyrobolische Magmen (femisch, sauer bis basisch, peralkalisch, c-variabel)	250-100	19-2	29-78	3-50	34-10	0,25-0,1	0,6-0,1

C. Magmen der Kalireihe

	si	al	fm	c	alk	k	mg
a) Leukosyenitgranitische Magmen (salisch, sauer, alkalireich, c-arm)	350-260	41-39	18	9-11	32	0,45	0,3
b) Juvitische Magmen (salisch, sauer bis neutral, alkalireich, meist c-arm)	270-170	40-35	14-23	5-15	40-26	0,5-0,4	0,35-0,2
c) Arkitische Magmen (meist subfemisch bis subalfemisch, neutral bis basisch, alkalireich, c-normal bis hoch)	190-100	32,5-23	18-23	19-39,5	27,5-19,5	0,8-0,3	0,8-0,3
d) Syenitgranitische Magmen (isofal bis schwach femisch, sauer bis neutral, alkalireich, c-arm bis normal)	330-225	30-26	28-39	12-16	28-23	0,6-0,4	0,6-0,2
e) Syenitische Magmen (isofal bis schwach femisch, intermediär bis schwach basisch, eher alkalireich, c-arm)	185-150	30-28	30-37	11,5-12,5	27,5-22,5	0,6-0,5	0,5-0,4
f) Monzonitische Magmen (isofal bis subfemisch oder schwach femisch, intermediär bis basisch, an alk und c meist normal bis arm)	180-105	37,5-28	25-33,5	17-24,5	20,5-12	0,6-0,4	0,55-0,4
g) Sommaitische Magmen (subalisch, basisch bis neutral, alkalireich bis intermediär, c-normal bis hoch)	150-115	26-22	33-34	22-27	22-14	0,6-0,55	0,5-0,4
h) Kalidioritische Magmen (schwach femisch bis femisch, sauer, neutral bis basisch, im allgemeinen relativ alkaliarm bis intermediär, c etwas variabel)	250-135	28-22,5	38-46,5	17,5-23,5	13,5-11	0,5-0,4	0,6-0,4
i) Lamproitische Magmen (femisch bis stark femisch, intermediär bis basisch, alkalireich bis peralkalisch, c-arm bis -normal)	165-70	23-13	41-74	1-19	27-11	0,85-0,6	0,9-0,6
k) Shonkinitische Magmen (femisch, meist basisch, relativ alkalireich)	145-100	22-17,5	40-47,5	20-23	18-12	0,55-0,5	0,65-0,55
l) Melashonkinitische Magmen (stark femisch, basisch, alk intermediär bis relativ hoch, c meist normal)	100-90	14-13	55-60	17-23	9	0,6-0,4	0,8-0,7
m) Missouritisch-alnöitische Magmen (schwach femisch, basisch, alk variabel, c hoch)	110-50	19-10	34-47	30-43	14-4	0,6	0,6-0,55

In Erweiterung der von Harker (1896) und Becke (1903) vor-
genommenen Teilung der magmatischen Gesteine in einen pazifischen
und einen atlantischen Gesteinsstamm hat Niggli (1920) noch einen
dritten Stamm unterschieden. Niggli grenzt die pazifische Kalkalkalireihe gegen die atlantische Natronreihe und die mediterrane
Kalireihe ab. Das bedeutet aber nicht, daß es in den Anden überhaupt keine Alkaligesteine gibt oder in der italienischen Vulkan-
provinz keine Kalkalkaligesteine. Vielmehr sind magmatische Misch-
provinzen außerordentlich häufig. Das hat sich aber erst nach der
Einführung des Begriffs der magmatischen Gesteinsstämme mit der
rapiden Zunahme der petrographischen Forschungsergebnisse heraus-
gestellt. Eine Übersicht der Niggli-Werte der unterschiedlichen
Magmentypen vermittelt die Tab. 8 A-C.

3.2 Die Differentiation der Skaergaard-Intrusion im Niggli-Variations-Diagramm

Die tertiäre Skaergaard-Intrusion an der Küste Ost-Grönlands
ist als Musterbeispiel eines lagig differenzierten basischen
Magmas von einer Reihe von Bearbeitern eingehend untersucht und
vorläufig abschließend in dem Buch von Wager und Brown: "Layered
igneous rocks" beschrieben worden. Das initiale Magma hatte
tholeiitische Zusammensetzung mit relativ niedrigen Silizium-
und Alkali-, jedoch hohen Aluminiumgehalten.

Ein Teil der Schmelze wurde in Form von Laven und Tuffen
vulkanisch gefördert. Ein mehrere tausend Meter mächtiger Schmelz-
körper hingegen intrudierte in einen tektonisch geschaffenen Raum
von ellipsoidal-konischer Form. Seine Oberflächendurchmesser be-
tragen 8,6 und 6,8 km. Die aufgeschlossene Serie lagig differen-
zierter Magmatite hat eine Mächtigkeit von 2500 Meter. Über dem
noch in der Tiefe verborgenen Teil des Intrusionskonus folgen
eine Untere, Mittlere und Obere Serie, sowie eine Obere Grenz-
Serie.

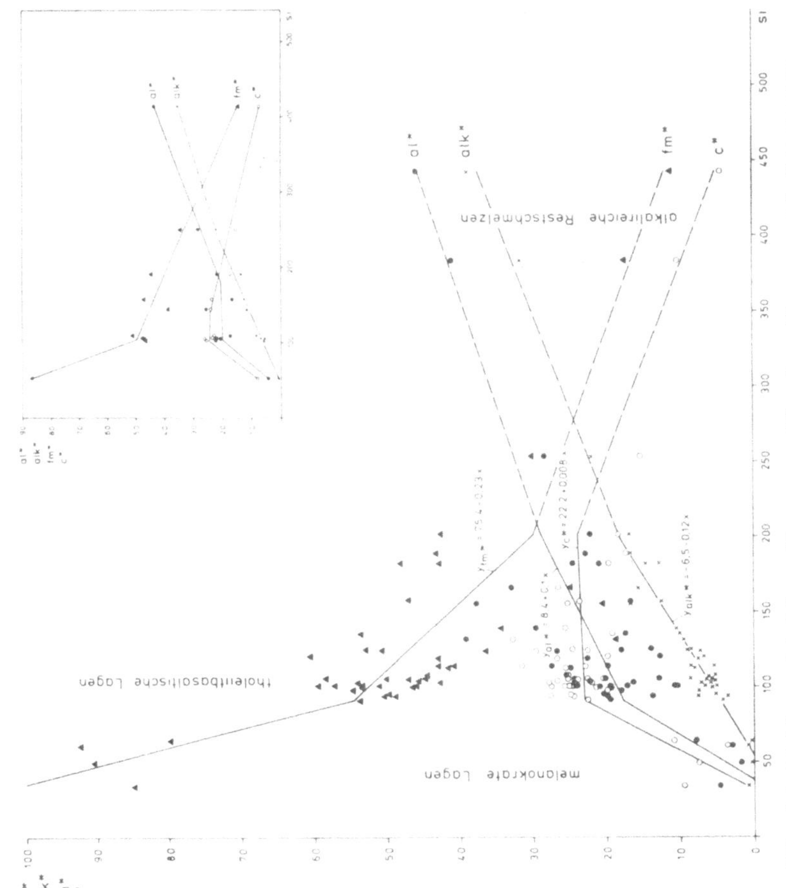

Bild 2 Niggli-Differentiationsdiagramm für die Skaergaard-Intrusion.
Die Geradengleichungen beziehen sich auf die errechneten linearen Regressionen
für die zentralen Bereiche des Diagramms. Im oberen Bildteil sind die Mittelwerte der einzelnen Serien dargestellt.

Alle diese Serien sind gebändert in sich differenziert.
Auf dunkle melanokrate Lagen, die zu zwei Dritteln aus Olivin
+ Pyroxen und einem Drittel Eisen-Titan-Erzen bestehen, folgen
leukokrate, welche zu mehr als 90 % aus Plagioklas aufgebaut
sind.

Insgesamt wird jedoch eine deutliche Veränderung des
Plutons von der Unteren Serie zu den hangenden Serien hin beobachtet. Diese Differenzierung kommt ganz klar in der Entwicklung der Niggli-Werte zum Ausdruck. Ein großer Teil von Proben
aus allen Serien entspricht der gabbroiden, das heißt primär
tholeiitbasaltischen Zusammensetzung des Magmas mit si-Werten
zwischen 100 und 120 (Bild 2). Um eine bessere Übersicht zu
gewinnen, wurden für die einzelnen Serien Mittelwerte berechnet,
die in der verkleinerten Darstellung (Bild 2, rechts oben) enthalten sind.

Der Mittelwert der melanokraten Lagen für fm liegt außerordentlich hoch zwischen 80 und 90, der si-Wert hingegen entsprechend niedrig bei 50.

Die Differenzierung des Magmas führte bis zu relativ sauren
alkalireichen Schmelzen hin, welche die in den oberen Serien
aufgerissenen Spalten ausfüllen. Der Mittelwert des si dieser
sauren Restschmelzen liegt über 400. Ihr al/fm-Verhältnis entspricht dem salischen Magmentyp Nigglis und Burris (Bild 1a,
S. 28) bei ausgesprochener c-Verarmung.

Faßt man die mg-Werte der Serien zu Mittelwerten zusammen,
so ergibt sich der folgende Differentiationstrend:
Untere Serie mg = 0,56, Mittlere Serie mg = 0,39, Obere Serie
mg = 0,13, späte saure Abspaltungen mg = 0,07.

Beim k-Wert ist die Entwicklung in der gleichen Reihenfolge
umgekehrt, aber weniger deutlich: Untere Serie = 0,06, Mittlere
Serie = 0,08, Obere Serie = 0,09, saure Abspaltungen = 0,27.

3.3 Niggli-Variationsdiagramm der Intrusivgesteine des Harzes

Im Verlaufe der variskischen Orogenese wurden in der unteren Kruste große Magmenmassen entwickelt und mobilisiert. Wie in vielen Mittelgebirgen Zentraleuropas ist auch im Harz ein Teil dieser Intrusiva karbonischen Alters heute von der Denudation angeschnitten.

Im Anschluß an die Auffaltung der altpaläozoischen Sedimente des Harzes entstanden durch tektonische Ausgleichsbewegungen große und tiefreichende Zerrstrukturen in rheinischer und herzynischer Richtung, welche den Magmen der tiefen Kruste die Fugen für den Aufstieg in ein relativ seichtes Krustenniveau und Raum für die Platznahme eröffneten. Es entstanden mehrere Intrusivkörper, die entweder aneinandergrenzen (Brockengranit - Gabbro-Massiv - Ostrand-Diorit - Ilsesteingranit) oder durch verfaltete Meta-Sedimente voneinander getrennt sind (Oker-, Brocken- und Ramberg-Pluton). Aus den Lagerungsverhältnissen und aufgrund des Verbandes, den die erstgenannten Magmatite miteinander bilden, aus der Kristallisationsabfolge der Minerale und aus geochemischen Fakten kann man schließen, daß die Magmen dieser Intrusiva primär gemeinsam in einer tiefliegenden Magmenzone gebildet wurden. Später erfuhren sie eine Differenzierung und Abtrennung von Magmenteilen mit samt den frühen Kristalliten, die dann aber beim Aufstieg und der Platznahme teilweise wieder ineinander geknetet wurden. Das verursachte besonders im Bereich der Ultrabasite und Basite im Raume südlich Bad Harzburg sehr komplexe Verbandverhältnisse und eine Fülle von Gesteinstypen.

Außerdem ist in dem Flächenanschnitt, den die tertiäre Rumpffläche durch die Intrusivkörper geschaffen hat, ein starkes quantitatives Mißverhältnis zwischen den ultrabasischen bis intermediären und den sauren Magmatiten zu beobachten.

Das Niggli-Diagramm in Bild 3 gibt einen Überblick über typische Intrusivgesteine des mittleren Harzes von den Harzburgiten und Lherzolithen auf der linken Seite (si 60-95), den Noriten

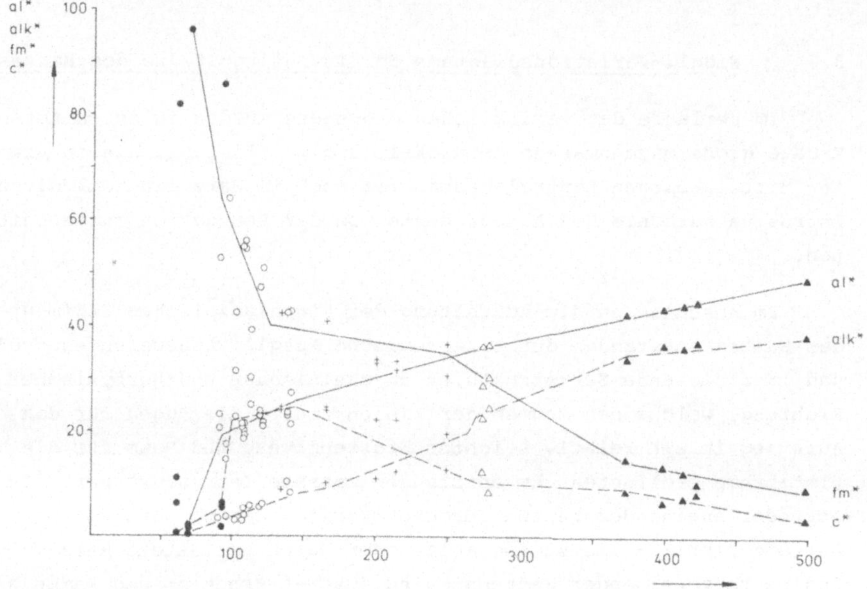

Bild 3   Intrusivgesteine des mittleren Harzes

und Gabbros (si 90-140), über die Diorite und Granodiorite
(si 130-280) bis hin zu den Graniten und Aplitgraniten
(si 370-500) auf der rechten Seite.

Die Knicke in den Kurven beruhen nicht nur auf der relativ
geringen Analysenzahl, sondern sicherlich auch auf der Tatsache,
daß heute nur erst geringe Anteile der Plutone unserer Untersuchung aufgeschlossen sind und eine Reihe von Gliedern der
Differentiationsreihe fehlt. Das Verhältnis des Mg zum Fe ändert
sich von den Ultrabasiten bis hin zu den Graniten sehr eindeutig,
nämlich wie es für die magmatische Differentiationsreihe typisch
ist. Von den basischen zu den sauren Intrusivgesteinen des mittleren Harzes fällt der mg-Wert ab. Die Ultrabasite und Norite
bilden eine Gruppe gleicher mg-Werte mit dem Mittelwert 0,77.
Gabbros und Diorite sind sehr ähnlich, nämlich mg = 0,43 und
0,39. Granodiorite und Granite können zu einer Gruppe zusammengefaßt werden, mg = 0,20.

36

Die k-Werte, welche das Verhältnis des Kaliums zum Gesamt-
alkaligehalt des Gesteins darstellen, nehmen von den Basiten zu
den sauren Gesteinen zu. Hier ist zwischen Noriten und Gabbros
kein signifikanter Unterschied festzustellen. Der gemittelte
k-Wert der Ultrabasite und Basite liegt bei 0,28. Er steigt über
die Diorite mit 0,37 zu den Granodioriten und Graniten auf 0,56
an.

Der einzige chemisch untersuchte Ganggranit, ein Alaskit,
besitzt den k-Wert 0,82. Doch erscheint dieser Wert durchaus
typisch, denn die Aplitgranite des Brocken-Plutons zeigen nach
Chrobok (1965) und Thieke (1969) modale Orthoklas/Plagioklas-
Verhältnisse bis zu 15,6 : 1.

3.4 Nigglis Molekularkatanorm

Im Jahre 1936 machte P. Niggli einen Vorschlag, wie man von
der starren amerikanischen Normberechnung zu einer flexibleren
Norm kommen kann. Sein Gedanke wurde von Barth (1952) aufgegrif-
fen und fortgeführt, wie bereits im Abschn. 1.1, S. 4, ausgeführt wurde.

Auf der Basis der auf 100 % normierten Äquivalenzzahlen
der chemischen Gesteinsanalyse entwickelte Niggli sogenannte
Basismolekülgruppen, das sind einfachste stöchiometrische Ver-
bindungen der häufigsten Elemente der Erdkruste. Aus diesen
Basismolekülgruppen läßt sich nun eine Norm berechnen, die zu
Normmineralbeständen führt, welche bei Hochtemperatur- und
Hochdruckbedingungen entstehen. Daher erhielt diese Norm den
Namen Molekular-Katanorm oder einfach Katanorm.

Obwohl Barth (1952) diese Norm konsequent auf die zeitge-
mäßeren atomaren Äquivalente umformte, konnte sie sich nie rich-
tig durchsetzen. Hierfür gibt es mehrere Ursachen. Die größere
Flexibilität der Katanorm gegenüber der CIPW-Norm bringt einen
größeren Rechenaufwand mit sich. Niggli und Burri bauten diese

Äquivalentnorm zu einem komplizierten System aus, welches ein
Buch von 300 Seiten füllt (Burri 1959). Da die Geowissenschafler
damals nicht über die heutigen Hilfsmittel der Computertechnik
verfügten, kapitulierten sie vor den Normsystem Nigglis. Es wurden lediglich die Niggli-Werte und Variationsdiagramme weiterhin viel gebraucht, weil ihre Berechnung und Darstellung einfach ist.

Ein weiterer Grund für das Versagen der Katanorm sind die
Katanorm-Minerale, welche dem Modus eines Gesteins auch nicht
näher kommen als die Normminerale der CIPW-Norm.

Hier ist kürzlich ein neuer Ansatz von Rittmann (1973)
gemacht worden, der im Kap. 5 besprochen wird.

Literatur zu Kap. 3

Bailey, E.B. et al. (1924): Tertiary and post-Tertiary geology
    of Mull, Loch Aline and Oban. - Mem. Geol. Surv. Scotland,
    Year 1924

Barth, T.F.W. (1931): Proposed change in calculation of norms
    of rocks. - Tscherm. min. petrogr. Mitt. XLII, 1-7

Barth, T.F.W. (1939): Die Eruptivgesteine. - In: C.W. Correns
    (Hrsg.) Die Entstehung der Gesteine, Springer-Verlag, Berlin

Barth, T.F.W. (1952): Theoretical Petrology. - J. Wiley & Sons,
    New York - London (1962) 2nd ed.

Becke, F. (1903): Die Eruptivgesteine der böhmischen Mittelge-
    birge und der amerikanischen Anden. Atlantische und pazi-
    fische Sippe der Eruptivgesteine. - Tscherm. min. petrogr.
    Mitt. XXII, 209-265

Burri, C. (1956): Bemerkungen zur Anwendung der Niggli-Werte. -
    Schweiz. min. petrogr. Mitt. 36, 29-48

Burri, C. (1959): Petrochemische Berechnungsmethoden auf äqui-
    valenter Grundlage. - Birkhäuser, Basel - Stuttgart

Burri, C. und Niggli, P. (1945): Die jungen Eruptivgesteine des mediterranen Orogens I. - Vulkaninstitut Immanuel Friedlaender, Bd. 3, Zürich

Chrobok, S.M. (1965): Untersuchungen zur Geologie des Brockenmassivs (Harz). - Geologie, Beiheft 42, Berlin

Eidam, J. und Seim, R. (1971): Zur Geochemie und Genese des Rambergmassivs (Harz). - Chem. d. Erde 29, 278-333

Erdmannsdörffer, O.H. (1908): Über Bau und Bildungsweise des Brockenmassivs. - Jb. kön. preuß. geol. Landesanst. 26, 379-405

Erdmannsdörffer, O.H. (1926): Erläuterungen zur geologischen Karte von Preußen. - Lfg. 240, Bl. Elbingerode u. Bl. Wernigerode, Berlin 1926

Erdmannsdörffer, O.H. und Schröder, H. (1927): Erläuterungen zur geologischen Karte von Preußen. - Lfg. 100, Bl. Harzburg, Berlin 1927

Fuchs, W. (1969): Untersuchungen zur Geologie und Petrographie des Okerplutons im Harz. - Clausth. Tekt. Hft. 9, 111-185

Hommel, W. (1919): Systematische Petrographie auf genetischer Grundlage I. Das System. - Gebr. Borntraeger, Berlin

Johannsen, A. (1931-1938): A descriptive petrography of the igneous rocks. - 4 vols., Chicago University Press

Niggli, P. (1920): Systematik der Eruptivgesteine. - Centralbl. f. Min. 1920, 161-174

Niggli, P. (1923): Gesteins- und Mineralprovinzen I. - Gebr. Borntraeger, Berlin

Niggli, P. (1927): Zur Deutung der Eruptivgesteinsanalysen auf Grund der Molekularwerte. - Schweiz. min. petrogr. Mitt. 7, 116-133

Niggli, P. (1931): Die quantitative mineralogische Klassifikation der Eruptivgesteine. - Schweiz. min. petrogr. Mitt. 11, 296-364

Niggli, P. (1936): Über Molekularnormen zur Gesteinsberechnung. - Schweiz. min. petrogr. Mitt. 16, 295-317

Niggli, P. (1951): Gesteinschemismus und Magmenlehre. - Geol. Rundschau 39, 8-32

Osann, A. (1899): Versuch einer chemischen Klassifikation der Eruptivgesteine. - Tscherm. min. petrogr. Mitt. XIX, 351-469

Osann, A. (1903): Beiträge zur chemischen Petrographie I.
    Molekularquotienten zur Berechnung von Gesteinsanalysen. -
    Schweizerbart, Stuttgart

Peacock, M.A. (1931): Classification of igneous rocks series. -
    J. Geol. 39, 54-67

Rittmann, A. (1960): Vulkane und ihre Tätigkeit. - 2. Aufl.,
    F. Enke, Stuttgart

Rittmann, A. (1973): Stable mineral assemblages of igneous
    rocks. - Springer, Berlin - Heidelberg - New York

Sawarizki, A.N. (1954): Einführung in die Petrochemie der
    Eruptivgesteine. - Akademie Verlag, Berlin

Schriel, W. (1954): Die Geologie des Harzes. - Schriften wirt-
    schaftswiss. Ges. z. Studium Niedersachsens N.F. 49,
    Hannover 1954

Seim, R. (1963): Petrologische Untersuchungen an kontaktmeta-
    somatischen Gesteinen vom Ostrand des Brockenmassivs
    (Harz). - Geologie, Beiheft 37, Berlin

Sohn, W. (1956): Der Harzburger Gabbro. - Geol. Jb. 72, 117-172

Streckeisen, A. (1967): Classification and nomenclature of
    igneous rocks. - N. Jahrb. Mineral. Abh. 107, 144-240

Thieke, H.V. (1969): Petrographische und tektonische Unter-
    suchungen am Ilsesteingranit-Komplex (Harz). - Geologie 18,
    400-428

Wager, L.R. and Brown, G.M. (1968): Layered igneous rocks. -
    Oliver & Boyd, Edinburgh - London

Für die Genese vieler Gesteine und Lagerstätten muß man mit
metasomatischen Stoffbewegungen rechnen. Während man bei nutz-
baren Mineralen stets die Bestimmung des Lagerstätteninhalts in
Raum- oder Gewichtseinheiten versucht, ist es für die Charakterisierung von Metasomatiten und Stoffumsätzen der Gesteinsmetamorphose meist praktischer, mit relativen Quantitäten zu arbeiten.

In den meisten Gesteinen ist der Sauerstoff das einzige
Anion von quantitativer Bedeutung. Alle Kationen nehmen zusammen
weniger als 6 Volumenprozent ein. Es liegt auf der Hand, daß man
bei der Untersuchung von Metasomatosen die Bilanz des Sauerstoffs
besonders stark beachtet. Wir gehen nämlich von einem Ionenmodell
aus, welches Kugelgestalt besitzt. Die kleinen Kationen sitzen
in den Lücken der annähernd dichtesten Sauerstoffpackungen und
beeinflussen damit das vom Sauerstoff vorgegebene Volumen nicht.
Das stimmt natürlich nicht ganz, denn die höherwertigen Kationen
deformieren die Elektronenhüllen der Anionen stark und die niedrig geladenen Kationen, z.B. die Alkalien, sind so groß, daß sie
nicht in die Lücken einer Dichtestpackung des Sauerstoffs hinein-
passen.

Meist liegt das von dem Sauerstoff eingenommene Volumen in
silikatischen Gesteinen zwischen 95 und 100 %.

Da fast ausschließlich der Sauerstoff als O^{2-}-Ion oder als
Hydroxylion in den silikatischen Gesteinen sämtliche Kationen
chemisch bindet, ergeben sich im Verhältnis von Sauerstoff +
Hydroxyl zur Summe der Kationen nur relativ geringe Varianzen.
Dieses Faktum hat den norwegischen Petrologen T.F.W. Barth an-
geregt, eine Sauerstoff-Standardzelle von 160 O + OH zu definie-
ren (Journ. Geol. 56, 1948, 50-60 und Journ. Geol. 57, 1949,
415-417). Es zeigt sich, daß auf jeweils eine Standardzelle von
160 O + OH etwa 100 Kationen entfallen. Die Zahl der Kationen
hängt selbstverständlich von der chemischen Zusammensetzung des
Gesteins ab. In der Regel liegen die Kationenzahlen der sauren
Gesteine etwas unter 100, die der basischen dagegen etwas darüber.

Unter der Voraussetzung, daß bei einem metasomatischen Vor-
gang zwar Stoffe zu- und abgeführt werden, das vorgegebene Ge-
steinsvolumen jedoch erhalten bleibt, kann man mit der Barthschen
Standardzelle leicht die Stoffbilanzen der Metasomatose berechnen.

Die Hornfelse des östlichen Kontaktbereiches des Brocken-
Massivs im Harz entstanden nach Seim (1963) aus fossilbelegten
Sedimenten des Devons. Man beobachtet die Paragenesen Biotit-
Andalusit-Kalifeldspat und Chlorit-Epidot-Albit, ferner Serizit
in Pseudomorphen wahrscheinlich nach Cordierit. Mit Annäherung
an die magmatischen Intrusiva nehmen fleckige Blastesen von
Kalifeldspat und Quarz zu. Hier vertritt Seim (1963) die Auf-
fassung, daß eine Alkali-Silizium-Metasomatose aus dem Pluton
in die Tonschiefer stattgefunden hat. Dafür spricht nach Seim
auch das Vorkommen von Flußspat und Turmalin in einer Anzahl von
Hornfelsen dieses Kontaktbereiches.

Aus einer Reihe von chemischen Analysen solcher Kontakt-
felse läßt sich die folgende Stoffbilanz maximaler Metasomatose
in Tab. 9 berechnen. Nach Seim ist der Hornfels I nicht meta-
somatisch verändert, der Hornfels VI jedoch am stärksten. Man
berechnet nun aus den chemischen Gesteinsanalysen die atomaren
Äquivalentzahlen der Kationen. Lediglich H_2O wird wegen seiner
starken Beweglichkeit unberücksichtigt gelassen. Daher stehen
seine Äquivalentzahlen in Klammern und sind in den Summen der
Kationenwerte nicht enthalten.

Aus den atomaren Äquivalentzahlen der Kationen werden im
zweiten Schritt die Äquivalentanteile des Sauerstoffs und
Hydroxyls entsprechend der chemischen Wertigkeit der Kationen
abgeleitet. Bei vierwertigen Kationen ergibt sich die doppelte
Menge Sauerstoff, da Sauerstoff zweiwertig ist. Auf Al^{3+} und
Fe^{3+} entfallen je 1,5 Sauerstoff, auf die zweiwertigen Kationen
gleiche Anteile von Sauerstoff. Die Alkalien und der Wasserstoff
binden pro Atom nur 0,5 Sauerstoff.

Tab. 9 __Stoffbilanz einer Metasomatose in Hornfelsen des Brockenplutons im Harz__

nach Seim (1963)

Oxide	Gewichts-%		Atomzahlen $\times 10^3$ Kationen		Atomzahlen $\times 10^3$ Anionen		(OH)+O = 160		Kationen/160 O + OH		
	I	VI	I	VI	I	VI	I	VI		I	VI
SiO_2	60,60	74,10	1009	1234	2018	2468	107,5	127,1	Si^{4+}	53,8	63,6
TiO_2	0,85	0,07	11	1	22	2	1,2	0,1	Ti^{4+}	0,6	0,1
Al_2O_3	16,26	12,78	319	251	478,5	376,5	25,5	19,4	Al^{3+}	17,0	12,9
Fe_2O_3	3,50	0,60	44	8	66	12	3,5	0,6	Fe^{3+}	2,3	0,4
FeO	4,90	1,91	68	26	68	26	3,6	1,3	Fe^{2+}	3,6	1,3
MnO	0,20.	0,10	3	2	3	2	0,2	0,1	Mn^{2+}	0,2	0,1
MgO	1,60	0,20	40	5	40	5	2,1	0,3	Mg^{2+}	2,1	0,3
CaO	2,24	1,50	40	27	40	27	2,1	1,4	Ca^{2+}	2,1	1,4
Na_2O	2,84	1,60	92	52	46	26	2,4	1,3	Na^{+}	5,0	2,6
K_2O	3,11	4,50	66	96	33	48	1,8	2,5	K^{+}	3,6	5,0
CO_2	0,00	0,40	--	9	--	18	--	0,9	C^{4+}	--	0,5
P_2O_5	0,16	0,20	2	3	5	7,5	0,3	0,4	P^{5+}	0,1	0,2
H_2O^+	3,32	1,60	(368)	(178)	184	89	9,8	4,6	(H^{+})	(19,6)	(9,2)
H_2O^-	0,33	0,10	--	--	--	--	--	--	--	--	--
	99,91	99,66	1694	1714	3003,5	3107,0	160,0	160,0		90,4	88,4

$$\frac{160\ O}{3003,5} = F = 0,053271; \qquad \frac{160\ O}{3107} = F = 0,051497; \qquad \begin{array}{l} 9,8\ O = 19,6\ OH\ \text{für I} \\ 4,6\ O = 9,2\ OH\ \text{für VI} \end{array}$$

44

Tab. 10   Stoffbilanz der Metasomatose durch Vergleich zweier Standardzellen

	Na	K	Ca	Mg	Mn	Fe^{2+}	Fe^{3+}	Al	Si	Ti	C	P	O	OH
I	$Na_{5,0}$	$K_{3,6}$	$Ca_{2,1}$	$Mg_{2,1}$	$Mn_{0,2}$	$Fe^{2+}_{3,6}$	$Fe^{3+}_{3,6}$	$Al_{17,0}$	$Si_{53,8}$	$Ti_{0,6}$	$C_{0,0}$	$P_{0,1}$	$O_{140,4}$	$OH_{19,6}$
IV	$Na_{2,6}$	$K_{5,0}$	$Ca_{1,4}$	$Mg_{0,3}$	$Mn_{0,1}$	$Fe^{2+}_{1,3}$	$Fe^{3+}_{0,4}$	$Al_{12,9}$	$Si_{63,6}$	$Ti_{0,1}$	$C_{0,5}$	$P_{0,2}$	$O_{150,8}$	$OH_{9,2}$
zugeführt	–	1,4	–	–	–	–	–	–	9,8	–	0,5	0,1	10,4	–
abgeführt	2,4	–	0,7	1,8	0,1	2,3	1,9	4,1	–	0,5	–	–	–	10,4

Zugeführte positive Valenzen: K   1,4   Abgeführte positive Valenzen:

Si	39,2	Na	2,4
C	2,0	Ca	1,4
P	0,5	Mg	3,6
	43,1	Mn	0,2
		Fe^{2+}	4,6
		Fe^{3+}	5,7
		Al	12,3
		Ti	2,0
		$O^{2-} \rightarrow (OH)^{-}$	10,4
			42,6

Im nächsten Rechengang werden nun die Summen der Anionen-
zahlen, in unserem Beispiel der Tab. 9 sind es die Zahlen 3003,5
und 3107,0, gleich 160 gesetzt. Dividiert man die Zahl 160 z.B.
durch die Zahl 3107,0, so erhält man den Faktor 0,051497, mit
welchem die Atomzahlen der Anionen multipliziert werden.

Hat man diese Multiplikationen durchgeführt, so muß die
Summe der errechneten Zahlen 160 ergeben. Von den 160 Sauer-
stoffen ist jedoch ein Teil an den Wasserstoff gebunden. Gegenüber H_2O enthält $(OH)^-$, auf den Wasserstoff bezogen, die doppelte Menge Sauerstoff. In unserem Beispiel ergeben 9,8 O =
19,6 OH bzw. 4,6 O = 9,2 OH. Die Standardzelle enthält somit
im Edukt I 140,4 O und 19,6 OH und im Metasomatit VI 150,8 O
und 9,2 OH.

Im letzten Schritt der Berechnung werden jetzt analog zu
Schritt 2 die Kationenproportionen in der Standardzelle entsprechend ihrer Wertigkeiten aus den Anionenwerten abgeleitet.
Ohne Berücksichtigung von H^+ ergeben sich bei den relativ sauren Gesteinen unseres Beispiels Kationensummen von 90,4 und
88,4 in den beiden Standardzellen.

Setzt man nun die Werte der beiden Standardzellen unter-
einander, wie das in Tab. 10 geschieht, so kann man die metasomatischen Stoffzufuhren und die weggeführten Elementmengen
ableiten. Eine Beurteilung, ob diese Stoffbilanz reell ist,
erhält man bei der Aufrechnung der Valenzen. Wie man an dem hier
gezeigten Beispiel ersehen kann, geht die Valenzbilanz befrie-
digend aber nicht ausgezeichnet auf.

Entweder war das Edukt für die Proben I und VI nicht völlig
identisch oder die chemischen Analysen sind nicht ausreichend.
So enthalten die Analysen keine Schwefel- und Fluorbestimmungen,
obwohl Flußspat aus diesen Kontaktgesteinen als metasomatische
Bildung von Seim (1963) beschrieben wird.

<u>Literatur zu Kap. 4</u>
Seim, R. (1963): Petrologische Untersuchungen an kontaktmetaso-
    matischen Gesteinen vom Ostrand des Brockenmassivs (Harz). -
    Beih. Geologie <u>37</u>, 66 S.

5.　　　Normberechnung nach Rittmann

Die Unzulänglichkeiten der CIPW-Norm und der Katanorm
Nigglis sowie das Scheitern der letzteren infolge ihres großen
Rechenaufwandes haben A. Rittmann (1973) bewogen, eine an Niggli
(1936) anknüpfende Berechnungsmethode zu entwickeln, welche
naturnäher, aber auch wesentlich komplizierter ist als diese.
Sie wurde aus der Not derjenigen Petrographen geboren, die vor-
nehmlich vulkanische Gesteine bearbeiten und meist nur unvollkommen über den modalen Mineralbestand ihrer Untersuchungsobjekte
informiert sind, da diese Gesteine häufig submikroskopisch,
nur teilweise oder gar nicht kristallisiert sind.

Da langwierige Rechengänge heute leicht mit Hilfe der
Computertechnik zu bewältigen sind, wurde ein Rechenprogramm
für die Norm Rittmanns entwickelt (Stengelin 1973).

Die meisten Minerale der magmatischen Gesteine sind komplexe
Mischkristalle. Ihre chemische Zusammensetzung wird von einer
Reihe von Einflüssen bestimmt, denen das Magma bei der Kristallisation unterlegen hat. Wichtige Beispiele sind der Druck der
fluiden Phasen, Sauerstoffpartialdruck, Temperatur und die Viskosität des Magmas. Es liegt auf der Hand, daß sich aus dem Zu-
sammenwirken dieser verschiedenen Faktoren eine ungeheure Viel-
falt von Mischkristallphasen ergibt. Selbstverständlich kann
keine Gesteinsnorm der natürlichen Variabilität gerecht werden,
wenn sie aufgrund der wenigen Daten einer chemischen Gesteinsanalyse berechnet wird. Diese Aussage gilt stets.

Andererseits liefert die übliche Silikatanalyse Informationen
über den Oxidationsgrad, den H_2O- und CO_2-Gehalt eines Gesteins.
Hinzu tritt, daß der Bearbeiter meist über die geologische
Situation eines magmatischen Gesteins und über sein Gefüge informiert ist. Diese Informationen bleiben bei der CIPW-Norm
und bei der Berechnung der Niggli-Werte ungenutzt.

Daher hat A. Rittmann eine Berechnungsweise entwickelt, bei
der man entsprechend den vorhandenen Kenntnissen über das Untersuchungsmaterial verschiedene Berechnungswege für unterschiedliche Normen einschlagen kann. Selbstverständlich sind der Variation auch hier relativ enge Grenzen gesetzt, aber man kann dem
Modus eines Magmatits doch wesentlich näher kommen als mit den
bisherigen Methoden. Nach Rittmanns Methode werden die Minerale
berechnet, die entsprechend der chemischen Zusammensetzung des
jeweiligen Magmas primär aus der Schmelze auskristallisieren
müßten. Die zahlreichen Sekundärbildungen können bei einem solchen normierten Verfahren selbstverständlich nicht berücksichtigt
werden.

Tab. 11   Minerale der verschiedenen Fazies nach Rittmann

Mineral	(Vt^x	+	Vn)	Pt	Pn	C
Quarz	+		+	+	+	O
Sanidin	+		+	O	O	O
Anorthoklas	+		+	O	O	O
Orthoklas	O		O	+	+	+
Plagioklas	+		+	+	+	+
Leucit	+		+	O	O	O
Nephelin	+		+	+	+	+
Kalsilit	+		+	O	O	O
Sodalithe	+		+	O	+	+
Orthopyroxene	O		+	+	+	O
Augit	+		+	+	+	+
Pigeonitaugit	+		O	O	O	O
Pigeonit	+		+	O	O	O
Ägirinaugit	+		+	+	+	+
Amphibole	O		O	O	+	O
Biotit	O		+	O	+	+
Muskowit	O		+	O	+	O
Olivin	+		+	+	+	+
Melanit	O		+	O	+	O
Melilith	+		+	O	O	O

Gewöhnliche Akzessorien sind: Apatit, Ilmenit, Spinelle usw.

^{x}Symbole: V = vulkanisch, P = plutonisch, C = karbonatisch,
        t = trocken,   n = naß

Die Rittmann-Norm bietet die Wahl zwischen einer kombinierten nassen und trockenen vulkanischen Fazies, einer nassen und einer trockenen plutonisch-subvulkanischen Fazies - je nach H_2O-Gehalt des Gesteins - sowie einer Karbonatit-Fazies bei hohen CO_2-Anteilen (Tab. 11). Ferner gibt sie die Möglichkeit, stark veränderte Magmatite (z.B. Autometasomatite) beim Vorliegen großer Al_2O_3-Überschüsse zu berechnen.

5.1   Die SiO_2-gesättigte Norm

Grundlagen aller Berechnungen für die unterschiedlichen Fazies ist eine SiO_2-gesättigte Norm mit den primitiven Norm-Mineralen, wie sie die CIPW-Methode seit langem benutzt. Hierbei werden je nach der chemischen Zusammensetzung des Gesteins fünf Typen der gesättigten Norm beobachtet, welche als Basis für die Berechnung der verschiedenen Fazies dienen.

Bei der Berechnung der gesättigten Norm geht man analog zur CIPW-Norm und Standard-Katanorm von Barth vor. Man berechnet aus der chemischen Gesteinsanalyse die atomaren Äquivalentzahlen der Kationen und außerdem die der Anionen CO_2, SO_3, S, Cl und F, soweit letztere bestimmt sind. Die atomaren Äquivalentzahlen werden in einer normierten Folge von Schritten auf die Normminerale verteilt. Hierbei sind jedoch einige Unterschiede gegenüber dem auf den Seiten 51, 52 mitgeteilten Verteilungsschema der CIPW-Norm zu beachten (Kap. 5.1.2). Ferner schreibt Rittmann die Symbole der Normminerale mit großen Anfangsbuchstaben.

Im folgenden wird der Rechengang anhand eines Beispiels für die vulkanische Fazies dargestellt.

<u>Rechenbeispiel</u>: Hauyn-Sanidin-Basanit, Kühlsbrunnen

(nach Frechen 1971, S. 16)

Teil I   (Fortsetzung S. 50)

<u>Berechnung der Atomäquivalente</u>

	Gew.-%	Divisor	Atom-Äquiv. $[\times 10^3]$
SiO_2	44,42	60,06	739,6
Al_2O_3	14,63	50,97	287,0
Fe_2O_3	4,73	79,84	59,2
FeO	4,87	71,84	67,8
MgO	7,44	40,32	184,5
CaO	11,78	56,08	210,1
Na_2O	3,85	30,99	124,2
K_2O	1,85	47,10	39,3
TiO_2	2,22	79,90	27,8
P_2O_5	0,62	70,98	8,7
MnO	0,24	70,93	3,4
CO_2	0,32	44,01	7,3
SO_3	0,55	80,06	6,9
Cl	0,03	35,45	0,9
H_2O	2,13	–	–
Summe	99,68		1766,7

Man bilde zur Vereinfachung die folgenden Summen:

$Fe^{3+} + Fe^{2+} + Mn + Cr + Ni$	= Fe		<u>Fe = 130,4</u>
Ca + Sr	= Ca		<u>Ca = 210,1</u>
K + Ba	= K		<u>K = 39,3</u>
Mg + Li	= Mg		<u>Mg = 184,5</u>

5.1.1 Berechnung besonderer Normminerale

Je nachdem, ob die chemische Analyse CO_2, SO_3, F, S oder ZrO_2 aufweist, werden die folgenden Normminerale errechnet.

CO_2: Ist CO_2 < Ca, berechne Calcit = $CaCO_3$ zu $\underline{cc = 2\ CO_2}$.
Der Ca-Rest beläuft sich dann auf Ca*= $Ca-CO_2$ oder

CO_2 > Ca, berechne Calcit zu $\underline{cc = 2\ Ca}$. Der CO_2-Rest wird in diesem Fall: $CO_2^* = CO_2 - Ca$. Dieser ist mit Mg und Fe zu Breunnerit

= $(Mg,Fe)CO_3$ zu verrechnen, also

$\underline{br = 2\ CO_2^*}$. Es folgt ein (Mg,Fe)-Rest von $(Mg,Fe)-CO_2^*$.

SO_3: Ist SO_3 < Ca, wird in analoger Weise SO_3 mit Ca in Anhydrit $\underline{ah} = CaSO_4 = \underline{2\ SO_3}$ gebunden. Der Ca-Rest beläuft sich dann auf Ca - SO_3.

SO_3 > Ca, berechne Anhydrit $\underline{ah = 2\ Ca}$, $SO_3^* = SO_3 - Ca$. Den weiteren SO_3-Überschuß verrechne mit Na zu Thenardit $\underline{th} = Na_2SO_4 = \underline{3\ SO_3^*}$; Na* = Na - $2\ SO_3^*$.

Cl : bildet mit Na Halit $\underline{hl} = NaCL = \underline{2\ Cl}$; Na*= Na - Cl.

F : geht diadoch in Apatit, Biotit oder Amphibol ein. Es wird nicht berücksichtigt.

Zr : ergibt mit einer äquivalenten Menge Si Zirkon z = $ZrSiO_4$ $= \underline{2\ Zr}$, der Si-Rest Si* ist Si - Zr.

S : wird mit der halben Menge Fe^{2+} zu Pyrit $\underline{pr} = FeS_2 = \underline{1,5\ S}$ verrechnet; Fe* = Fe - 0,5 S.

Ein Teil der aufgeführten Akzessorien (ah, th, hl) tritt im endgültig verrechneten Normmineralbestand nicht auf, sondern wird später für die Bildung der Sodalithe verwendet.

Rechenbeispiel: Hauyn-Sanidin-Basanit, Teil II (Fortsetzung S. 57)

Errechnung besonderer Normmineralanteile

$\underline{cc} = 2\ CO_2$ (mit Verrechnungsbasis $\underline{CO_2}$) = 14,6
    Ca* = 210,1 - 7,3 = $\underline{202,8}$

$\underline{ah} = \underline{2\ SO_3} = 13,8.$ Da kein SO_3-Überschuß vorhanden ist, wird $\underline{th = 0,0}$

$Ca* = 202,8 - 6,9 = \underline{195,9}$

$\underline{hl} = \underline{2\ Cl} = 1,8;\ Na* = 124,2 - 0,9 = \underline{123,3}$

$\underline{z} = 0,0;$ da kein Zr bestimmt wurde.

$\underline{pr} = 0,0;$ da die chemische Analyse kein S aufweist.

5.1.2 Berechnung der gewöhnlichen Akzessorien

An die Errechnung der besonderen Normminerale schließt sich die der gewöhnlichen Akzessorien an:

P   wird mit der 1,667-fachen Menge Ca zu Apatit

$\underline{ap} = Ca_5\ (PO_4)_3 (OH,F) = \underline{2,667\ P}$ verbunden;

$Ca* = Ca - 1,667\ P.$

Ti   ergibt mit der gleichen Menge Fe^{2+} Ilmenit

$\underline{il} = Fe\ TiO_3 = 2\ Ti;\ Fe* = Fe - Ti.$

Bis hierher läuft die Berechnung ganz analog zur CIPW-Norm. Für die Bildung von $\underline{Magnetit}$ muß nach Rittmann jedoch der Oxidationsgrad des Gesteins berücksichtigt werden. Dieser Oxidationsgrad Ox^O ergibt sich aus dem Verhältnis von Fe^{3+} zu $(Fe^{3+} + Fe^{2+} + Mn)$. Mit dem Hinweis auf einen Zusammenhang zwischen dem Oxidationsgrad einer magmatischen Schmelze und ihrem Alkaligehalt hat Rittmann Näherungsformeln entwickelt. Diesen von Rittmann entwickelten Formeln ist entschieden widersprochen worden, z.B. von Chayes (1974).

Für basaltische Schmelzen lautet die Beziehung Rittmanns:

$$Ox^O = 1,2\left[0,1 + (Na + K)10^{-3}\right]$$

und für andesitische bis rhyolithische Schmelzen

$$Ox^O = 1,8\left[0,07 + (Na + K)10^{-3}\right].$$

Somit ergibt sich der Magnetitanteil unter Berücksichtigung des Ox^O-Wertes und nach Abzug des für die Ilmenitbildung benötigten Fe: $mt_O = Ox^O(Fe-Ti)$. Um zu entscheiden, welcher Ox^O-Faktor für die jeweilige Magnetit-Verrechnung Anwendung finden soll, wer-

den von Rittmann die il-Gehalte und damit Ti-Anteile der Schmelze
als Kriterium verwendet. Da nach seinen Untersuchungen wenig
oxidierte Schmelzen sehr viel Ti-reicher sind als hochoxidierte,
werden für die wichtigsten Magmentypen I-III folgende mt_o-Anteile
errechnet.

(I)   Für Al-Überschußgesteine mit

$\underline{Al > (2\ Ca + Na + K - 3,33\ P)}$ lautet die Gleichung:

$mt_o = [0,10 + (Na + K)10^{-3}](Fe - Ti)$; ist

(II) $\underline{(Na + K) < Al < (2\ Ca + Na + K - 3,33\ P)}$

so gilt für il > 25: $mt_o = 1,2[0,1 + (Na + K)10^{-3}](Fe - Ti)$,

für il < 25: $mt_o = 1,8[0,07 + (Na + K)10^{-3}](Fe - Ti)$.

(III) Al $(Na + K) \leq (Al + Fe^{3+})$ gilt für Na-Rhyolithe,
Trachyte und Phonolithe. Der mt_o-Anteil errechnet sich
zu

$mt_o = [0,10 + (Na + K)10^{-3}](Fe - Ti - Na)$

(IV) $(Na + K) < (Al + Fe^{3+})$ und

(V) $K \leq Al$ sowie $K > Al$ bezieht sich auf sehr seltene Magmentypen. Es wird kein mt_o gebildet.

Für die meisten Vulkanite trifft der Magmentyp II zu. Zu
diesem Typ gehört auch unser Rechenbeispiel.

5.1.3   Berechnung der SiO_2-gesättigten Norm-Typen

Nach der Berechnung der Akzessorien werden die SiO_2-gesät-
tigten Silikate analog zur modifizierten CIPW-Norm nach Barth
berechnet (S. 11 ff.). Anstelle von Korund wird zunächst jedoch
Sillimanit gebildet und anstatt des Nephelin der Sodasilit.
Beides führt zu einer höheren Silifizierung.

In Anlehnung an die von Niggli und Barth eingeführte Katanorm werden Normminerale hinsichtlich der Zahl der in ihnen enthaltenen Kationen quantifiziert. Die Feldspäte z.B. enthalten

je 5 Kationen, daher schreibt man 5 an, 5 ab und 5 or. Eine Zusammenstellung der an SiO_2 gesättigten Norm-Minerale sowie der aus diesen zusammengesetzten komplexen Normkomponenten gibt Tab. 12.

<u>Tab. 12</u> <u>SiO_2-gesättigte Norm-Minerale</u>

Quarz	SiO_2	= 1 q	Apatit	$Ca_5[P_3O_{12}(F,Cl)]$	= 8 ap
Orthoklas	$K[AlSi_3O_8]$	= 5 or	Ilmenit	$FeTiO_3$	= 2 il
Albit	$Na[AlSi_3O_8]$	= 5 ab	Magnetit	Fe_3O_4	= 3 mt_o
Anorthit	$Ca[Al_2Si_2O_8]$	= 5 an	Calcit	$Ca[CO_3]$	= 2 cc
Sillimanit	$Al_2[O/SiO_4]$	= 3 sil	Anhydrit	$Ca[SO_4]$	= 2 ah
Wollastonit	$CaSiO_3$	= 2 wo	Thenardit	$Na_2[SO_4]$	= 3 th
Enstatit	$Mg[SiO_3]$	= 2 en	Halit	$NaCl$	= 1 hl
Ferrosilit	$Fe[SiO_3]$	= 2 fs	Zirkon	$Zr[SiO_4]$	= 2 z
Akmit	$NaFe[Si_2O_6]$	= 4 ac	Pyrit	FeS_2	= 1 pr
K-Akmit	$KFe[Si_2O_6]$	= 4 k-ac			
Sodasilit	Na_2SiO_3	= 3 ns			

<u>Komplexe Norm-Minerale</u>

Spinell	$MgAl_2O_4$	= 3 sp	= 2 en + 3 sil − 2 q
Perowskit	$CaTiO_3$	= 2 psk	= 2 wo + 2 il − 2 fs
Titanit	$CaTi[O/SiO_4]$	= 3 tn	= 2 wo + 2 il + 1 q − 2 fs
Cossyrit	$Na_4Fe_9Ti_2Si_{11}O_{37}$	= 26 coss	= 6 ns + 4 il +14 fs + 2 q
Cordierit	$(Mg,Fe)_2Al_3[AlSi_5O_{18}]$	= 11 cd	= 6 sil + 4 hy + 1 q
Melanit nach Rittmann			= 5 il + 5 an +40 wo +15 hy − 10 q

Die bereits bei der Berechnung des Magnetits aufgezeigten
unterschiedlichen Mengenverhältnisse der Elemente, welche mit
SiO_2 die verschiedenen Silikate bilden, ergeben <u>fünf verschiedene Typen von gesättigten Normen</u>. Die diskriminierenden Element-
verhältnisse für diese Normtypen sind im folgenden dargestellt,
wobei Typ II der weitaus häufigste ist:

I. $Al > (2\,Ca + Na + K - 3,33\,P)$

II. $(Na + K) \leq Al \leq (2\,Ca + Na + K - 3,33\,P)$

III. $Al < (Na + K) \leq (Al + Fe^{3+})$

IV. $(Na + K) > (Al + Fe^{3+})$ und $K \leq Al$

V. $K > Al$

Den Norm-Mineralabstand dieser 5 Grundtypen der gesättigten
Norm zeigt Tab. 13.

Tab. 13   <u>Norm-Mineralbestand der 5 Typen der gesättigten Norm</u>
(typcharakteristische Minerale sind unterstrichen)

I	II	III	IV	V
ap	ap	ap	ap	ap
il	il	il	il	il
mt_o	mt_o	mt_o	-	-
or	or	or	or	or
ab	ab	ab	ab	ab
an	<u>an</u>	-	-	-
<u>sil</u>	-	-	-	-
-	<u>wo</u>	wo	wo	wo
en	en	en	en	en
fs	fs	fs	fs	fs
-	-	<u>ac</u>	<u>ac</u>	ac
-	-	-	-	<u>k-ac</u>
-	-	-	<u>ns</u>	<u>ns</u>
Δq[*]	Δq	Δq	Δq	Δq

[*] Δq kann Werte > 0, 0 und < 0 annehmen.

54

Explizit wird der SiO_2-gesättigte Normtyp gemäß der anschließenden Berechnungsschemata ermittelt:

Tab. 14   Typ I gesättigte Norm mit Sillimanit[*]
===========

Atome	ap	il	mt$_o$	or	ab	an	sil	hy	Δq
Si				3K	3Na	2Ca*	O,5Al*	Mg+Fe*	Si-Si'
Al				K	Na	2Ca*	Al*		
Fe		Ti	mt$_o$					Fe*	
Mg								Mg	
Ca	1,67P					Ca*			
Na					Na				
K				K					
Ti		Ti							
P	P								

Summe 2,67P 2Ti mt$_o$ 5K   5Na   5Ca* 1,5Al* 2(Mg+Fe*)   Si-Si'

wobei Si' = 3 (Na + K) + 2 Ca* + O,5 Al* + Mg + Fe*

[*]Unterstrichene Atome stellen jeweils die Verrechnungsbasis, mit Stern versehene Symbole den zu verrechnenden atomaren Restanteil dar.

Tab. 15   Typ II gesättigte Norm mit Anorthit und Wollastonit
=========================

Atome	ap	il	mt$_o$	or	ab	an	wo	hy	Δq
Si				3K	3Na	Al*	Ca*	Mg+Fe*	Si-Si'
Al				K	Na	Al*			
Fe		Ti	mt$_o$					Fe*	
Mg								Mg	
Ca	1,67P					O,5Al*	Ca*		
Na					Na				
K				K					
Ti		Ti							
P	P								

Summe 2,67P 2Ti mt$_o$ 5K   5Na   2,5Al* 2Ca*   2(Mg+Fe*)   Si-Si'

Si' = 3 (K + Na) + Al* + Ca* + Mg + Fe*

Tab. 16   Typ III gesättigte Norm mit Akmit

Atome	ap	il	or	ab	ac	mt_o	wo	hy	Δq
Si			3K	3Al*	2Na*		Ca*	Mg+Fe*	Si-Si'
Al			K	Al*					
Fe		Ti			Na*	mt_o		Fe*	
Mg								Mg	
Ca	1,67P						Ca*		
Na				Al*	Na*				
K			K						
Ti		Ti							
P	P								
Summe	2,67P	2Ti	5K	5Al*	4Na*	mt_o	2Ca*	2(Mg+Fe*)	Si-Si'

Si' = 3 (K + Al*) + 2 Na* + Ca* + Mg + Fe*

Tab. 17   Typ IV gesättigte Norm mit Akmit und Sodasilit

Atome	ap	il	or	ab	ac	ns	wo	hy	Δq
Si			3K	3Al*	$2Fe^{3+}$	$0,5Na*$	Ca*	$Fe^{2+*}+Mg$	Si-Si'
Al			K	Al*					
Fe^{3+}					Fe^{3+}				
Fe^{2+}		Ti						Fe^{2+*}	
Mg								Mg	
Ca	1,67P						Ca*		
Na				Al*	Fe^{3+}	Na*			
K			K						
Ti		Ti							
P	P								
Summe	2,67P	2Ti	5K	5Al*	$4Fe^{3+}$	$1,5Na*$	2Ca*	$2(Fe^{2+*}+Mg)$	Si-Si'

Si' = 3 (K + Al*) + 2 Fe^{3+} + 0,5Na* + Ca* + Fe^{2+*} + Mg

Tab. 18   Typ V gesättigte Norm mit K-Akmit und Sodasilit

Atome	ap	il	or	k-ac	ac	ns	wo	hy	Δq
Si			3Al	2K*	$2Fe^{3+*}$	0,5Na*	Ca*	Fe^{2+*}+Mg	Si-Si'
Al			Al						
Fe^{3+}				K*	Fe^{3+*}				
Fe^{2+}		Ti						Fe^{2+*}	
Mg								Mg	
Ca	1,67P						Ca*		
Na					Fe^{3+*}	Na*			
K			Al	K*					
Ti		Ti							
P	P								
Summe	2,67P	2Ti	5Al	4K*	$4Fe^{3+*}$	1,5Na*	2Ca*	$2(Fe^{2+*}+Mg)$	Si-Si'

$$Si' = 3Al + 2(K^* + Fe^{3+*}) + 0,5Na^* + Ca^* + Mg + Fe^{2+*}$$

Rechenbeispiel: Hauyn-Sanidin-Basanit, Teil III (Fortsetzung S. 60)

Da $(Na + K) \leq Al \leq (2\,Ca + Na + K - 3,33\,P)$ für unser Beispiel zutrifft, errechnet man den Normtyp II (vgl. S. 55)

Gesättigte Norm mit Anorthit und Wollastonit

Atome	Anteile	ap	il	mt_o *)	or	ab	an	wo	hy	q
Si	739,6				117,9	369,9	124,4	119,2	254,8	-246,6
Al	287,0				39,3	123,3	124,4			
Fe	130,4		27,8	32,3					70,3	
Mg	184,5								184,5	
Ca**)	195,9	14,5					62,2	119,2		
Na**)	123,3					123,3				
K	39,3				39,3					
Ti	27,8		27,8							
P	8,7	8,7								
Summe		23,2	55,6	32,3	196,5	616,5	311,0	238,4	509,6	-246,6

*) Berechnung s. Kap. 4.1.2 (Magmentyp II für il > 25)

**) vgl. Rechenbeispiel Teil II, S. 50 und 51

5.2   Errechnung der Normmineral-Paragenesen des häufigsten
       Magmentyps II

Als ein großer Fortschritt gegenüber der CIPW-Norm muß es
angesehen werden, daß es die von Rittmann entwickelte Methode
im weiteren Berechnungsverlauf gestattet, auch Mischkristalle
der Feldspäte und komplex zusammengesetzte Minerale wie die
Klinopyroxene, Cordierit, die Glieder der Glimmergruppe sowie
Amphibole zu errechnen. Rittmann hat aus der Literatur chemische Analysen der wichtigen gesteinsbildenden Minerale kom-
piliert, in Graphiken dargestellt und diese seinen Normmineral-
berechnungen zugrunde gelegt. Leider sind in seinem Buch die
verwendeten Analysen nicht sorgfältig nachgewiesen, darüber
hinaus hätte ein Vielfaches an modernerem Datenmaterial zur
Verfügung gestanden.

Die Rittmann-Norm ist aufgrund detaillierter Mineralbe-
stimmungen derartig umfangreich geworden, daß die Normberechnungen im Normalfall mit Hilfe eines Rechenprogramms (s. Anhang)
durchgeführt werden sollten. Um im folgenden den Rechengang übersichtlich darzustellen, werden in den Kap. 5.2.1 bis 5.2.8
exemplarisch die Minerale des häufigsten Magmentypus (II)
nach Rittmann berechnet.

5.2.1   Titanit, Melanit und Perowskit

Ist bei der Errechnung der gesättigten Norm ein Ca-Über-
schuß gegenüber (Mg+Fe) ermittelt worden, d.h. ist wo > hy,
so wird in Abhängigkeit von Δq entweder Titanit, Melanit oder
Perowskit gebildet. Titanit wird als 3 tn = 2 wo + 2 il - 2 fs
+ 1 q stöchiometrisch verrechnet. Melanit ergibt sich nach
Rittmann aus folgenden Mengenverhältnissen der gesättigten
Norm: 55 mln = 5 il + 5 an + 40 wo + 15 hy - 10 q, Perowskit
ist wiederum stöchiometrisch aus 2 psk = 2 wo + 2 il - 2 fs
zu errechnen. Zur Berechnung dieser Ti-Überschußmineralien
sind im einzelnen die folgenden Rechenschritte durchzuführen.

I.   Bilde die Summen: A = or + ab und M = wo + hy

II. Ist wo > hy und $\Delta q \geq$ - 100 bearbeite Rechenschritt → ①

Für wo > hy sowie Δq < - 100 und A > 2M → ②

                      Δq < - 100 und A < 2M → ③

Ist wo $\leq$ hy und $\Delta q \gtrless$ 0   → ④

① Berechne auf der Basis von X = 0,5 (wo - hy) für

a) <u>il > X:</u>

il	wo	hy	Δq	
-X	-X	+X	-0,5X	Titanit = 1,5 X
il*	wo* =	hy*	Δq*	⟶ ④

b) <u>il $\leq$ X:</u>

il	wo	hy	Δq	
-il	-il	+il	-0,5il	Titanit = 1,5il
-	wo* =	hy*	Δq*	⟶ ④

② Berechne auf der Basis von X = 0,2 (wo - hy) für

a) <u>il > X:</u>

il	an	wo	hy	Δq	
-X	-X	-8X	-3X	+2X	Melanit = 11 X
il*	an*	wo* =	hy*	Δq*	⟶ ④

b) <u>il $\leq$ X:</u>

il	an	wo	hy	Δq	
-il	-il	-8il	-3il	+2il	Melanit = 11il
-	an*	wo* =	hy*	Δq*	⟶ ④

③ Errechne mit der Einheit X = 0,5 (wo - hy) Perowskit und
zwar für

a) <u>il > X:</u>

il	wo	hy	
-X	-X	+X	Perowskit = X
il*	wo*	hy*	⟶ ④

b) <u>il ≤ X:</u>

il	wo	hy	
-il	-il	+il	Perwoskit = il
-	wo*	hy*	⟶ ④

<u>Rechenbeispiel:</u> Hauyn-Sanidin-Basanit, Teil IV (Fortsetzung S. 64)

<u>Ermittlung der Ca-Überschußminerale Titanit, Melanit, Perowskit</u>

Da wo < hy ist (vgl. Rechenbeispiel Teil I), werden keine Ca-Überschußminerale gebildet. ⟶ ④

5.2.2 <u>Pyroxene</u>

Die Rittmann-Norm sieht die Berechnung von Orthopyroxenen sowie von Klinopyroxenen vor.

Die <u>Orthopyroxene</u> definiert man zweckmäßigerweise nach dem Verhältnis $m = en/(en + fs)$. Daraus ergibt sich die nachstehende Einteilung:

$m \geq 0,9$	Enstatit,	$0,5 > m \geq 0,3$	Ferro-Hypersthen,
$0,9 > m \geq 0,7$	Bronzit,	$0,3 > m \geq 0,1$	Eulit,
$0,7 > m \geq 0,5$	Hypersthen,	$m < 0,1$	Ferrosilit.

Die Klinopyroxen-Komponente setzt sich aus den Normmineralen wo, en, fs, ac, an, ab, or und il zusammen. Die Feldspatanteile gehen in desilifizierter Form in Klinopyroxen-Bestandteile über und zwar:

5 an - 1 q = 4 Tschermak's Molekül
5 ab - 1 q = 4 Jadeit
5 or - 1 q = 4 K-Jadeit.

Damit wird der SiO_2-Gewinn $\Delta q = + 0,2$ (or + ab + an).
Rittmann setzt jedoch aufgrund statistischer Untersuchungen
an chemischen Pyroxenanalysen aus Tabellenwerken
$\Delta q = + 0,35$ (or + ab + an).
Insgesamt werden die Pyroxene aus folgenden Komponenten errechnet:
gemeine Pyroxene = il' + wo + hy' + (or' + ab' + <u>an</u>') - q'
Alkali-Pyroxene = il' + wo + hy + <u>ac</u> + (or' + ab') - q'

Da die Zusammensetzung der Klinopyroxene von der des
Magmentyps abhängt, müssen der Berechnung nach Rittmann
4 Relationen zugrunde gelegt werden:

(1) Für ein in der gesättigten Norm errechnetes Δq ist der
    Feldspat-Anteil fsp' = or' + ab' + an' proportional wo,
    so daß fsp' = f'x wo wird,
    wobei für $\Delta q \geq 0 : F' = 0,2 \ (1 - \Delta q \times 10^{-3})$ und
         für $\Delta q < 0 : F' = 0,2 - \Delta q \times 10^{-3}$ gesetzt wird.

(2) Die relativen fsp'-Anteile der Klinopyroxene entsprechen
    mit einem Proportionalitätsfaktor versehen den or-ab-an-
    Verhältnissen des Gesteins or' : ab' : an' = x or : y ab
    : z an, wobei in SiO_2-gesättigten bzw. übersättigten Ge-
    steinen x = 0,3 or, y = 1,0 ab, z = 2,0 an sowie in unter-
    sättigten Magmatiten x = 0,2 or, y = 0,6 ab und z = 2,0 an
    wird. So ist mit D = F'x wo/(x + y + z) der Feldspatmolekül-
    Anteil or' = xD, ab' = yD und an' = zD. Allerdings gilt, wie
    auch für die übrigen Pyroxen-Komponenten, or' $\leq$ or,
    ab' $\leq$ ab und an' $\leq$ an.

(3) Die Ilmenit-Komponente des Klinopyroxens wächst nach Rittmann
    mit wo und nimmt mit an und dem Alkali-Verhältnis k ab. Die
    folgenden Proportionalitätsfaktoren p wurden von Rittmann
    aus chemischen Pyroxenanalysen statistisch ermittelt:

$$\text{Ist } k \geq 0,4, \text{ dann wird } p = 0,3 \text{ wo/an,}$$
$$\text{ist } k < 0,4 : p = 0,6 \text{ wo/an.}$$

Die umgeformte Ilmenit-Komponente beträgt dann il' = p $\times$ il.

(4) Der hy-Anteil der gesättigten Norm wird in der Berechnung
    der "vulkanischen Fazies" im Fall SiO_2-gesättigter Gesteine
    vollständig als Klinopyroxen-Anteil verrechnet, jedoch in
    SiO_2-untersättigten Vulkaniten teilweise in Olivin umge-
    formt. Eine Umrechnung erfolgt, wenn hy > n wo wird,
    hy' ist dann hy' = n wo zu setzen, während andererseits kein
    Olivin gebildet werden kann, falls hy $\leq$ n wo ist (hy' = hy).
    Zur Abschätzung von n dienen Rittmann die Δq- und k-Werte:

$$\text{für } \Delta q \geq 0 \text{ und } k < 0,4 \text{ wird } n = 1,3,$$
$$\Delta q \geq 0 \text{ und } k \geq 0,4 : \qquad n = 1,2,$$
$$\Delta q < 0 \text{ und } k < 0,4 : \qquad n = 1,3 + \Delta q \times 10^{-3},$$
$$\Delta q < 0 \text{ und } k \geq 0,4 : \qquad n = 1,2 + \Delta q \times 10^{-3}.$$

Der zunächst vorläufig berechnete Klinopyroxen-Anteil setzt
sich daher aus den folgenden Komponenten zusammen:

il	or	ab	an	wo	hy	Δq	
-il'	-or'	-ab'	-an'	-wo	-hy'	+q'	cpx = Summe
il*	or*	ab*	an*	-	hy*	Δq*	$\longrightarrow$ (5)

Eventuell auftretender hy-Überschuß wird partiell zu
Hypersthen oder aber zu Biotit verrechnet. Die bei der Verrechnung zu Biotit resultierende wo**- und hy**-Restkompo-
nente schlägt man dem cpx-Anteil zu, dessen Berechnung damit
endgültig abgeschlossen ist. Nach der Nomenklatur von Hess
und Poldervaart (1951) erfolgt die Namensgebung der berechneten Pyroxene (Bild 4).

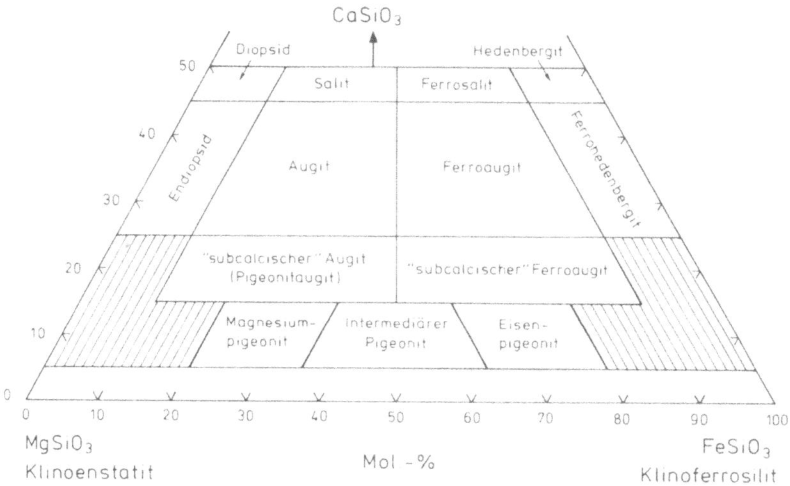

Bild 4   Klassifizierung der Klinopyroxene in dem System
MgSiO$_3$ - FeSiO$_3$ - CaSiO$_3$
(nach Hess und Poldervaart, 1951, S. 474)

Rittmann unterscheidet:

A.   **Klinopyroxene mit an**

Nach Berechnung des Verhältnisses (wo + O,4 an')/hy' = c',
das eine Orientierung im Wollastonit-Klinoenstatit-Klinoferro-
silit-Dreieck (Bild 4) erlaubt, werden die Pyroxene unter Auf-
lösung von hy' in en- und fs-Komponente (s. gesättigte Norm)
wie folgt klassifiziert:

c'	en > fs	en < fs
> 0,9	Diopsid	Hedenbergit
0,9-0,5	Augit	Ferro-Augit
0,5-0,3	Ca-armer Augit	Ca-armer Ferro-Augit
0,3-0,1	Pigeonit	Ferro-Pigeonit

Zusätzlich wird Augit mit mehr als 4 % il-Komponente als
Titanaugit bezeichnet.

B.   **Klinopyroxene mit ac**

Für die Alkali-Klinopyroxene dient das Verhältnis
a = ac/(ac + wo + hy) als Unterscheidungskriterium. So werden
die Klinopyroxene mit

      $a \geq 0,7$ als Ägirine,

$0,7 > a \geq 0,15$ als Ägirin-Augite sowie

$0,15 > a \geq 0,0$ als Na-Augite eingestuft.

> **Rechenbeispiel:** Hauyn-Sanidin-Basanit
>
> Teil V (Fortsetzung S. 68)

(4) **Berechnung des vorläufigen Klinopyroxen-Anteils**

A. Ermittlung der Feldspat-Komponente im Klinopyroxen (S. 61 ff.)

Da $\Delta q < 0$ ist, gilt: $F' = 0,2 - \Delta q \times 10^{-3} \rightarrow F' = 0,2 - (-0,2466) = \underline{0,45}$
Der maximale Feldspat-Anteil beträgt jetzt fsp' = F'× wo =
$0,45 \times 238,4 = \underline{107,3}$

Die Ermittlung des relativen or'-, ab'- und an'-Anteils im Klinopyroxen
erfolgt durch Berechnung zweier Proportionalitätsgrößen:

1. für $\Delta q < 0$: 0,2 or = x, 0,6 ab = y, 2,0 an = z und x + y + z = S
2. D = F'× wo/S (vgl. S. 61)

So wird mit $\underline{x = 39,3}$, $\underline{y = 369,9}$ und $\underline{z = 622,0}$ $\underline{S = 1031,2}$. Mit S läßt
sich nun D ermitteln:$\underline{D = 0,104}$. Die Feldspatanteile lassen sich zu
folgenden Größen berechnen:

$\underline{or' = 4,09}$ $\underline{ab' = 38,47}$ $\underline{an' = 64,69}$ (vgl. S. 61)

B. Berechnung des il' - hy' - und q' - Anteils

Für $\underline{k = or/(or + ab) = 0,24} < 0,4$ ist nach Rittmann der Proportionali-
tätsfaktor p = 0,6 × wo/an zu setzen. Mit $\underline{p = 0,46}$ wird il' = p × il
und damit $\underline{il' = 25,58}$.

hy' = n × wo. Die Bedingung für n lautet bei $\Delta q < 0$ und k < 0,4:
$1,3 + \Delta q \times 10^{-3}$, daher wird $\underline{hy' = 251,3}$ (n = 1,054).

C. Verrechnung der Einzelkomponenten zum Klinopyroxenanteil

il	or	ab	an	wo	hy	Δq	
55,6	196,5	616,5	311,0	238,4	509,6	-246,6	Anteile der ge-
-25,6	- 4,1	-38,5	-64,7	-238,4	-251,3	+ 37,5	sättigten Norm
30,0	192,4	578,0	246,3	-	258,3	-209,1	cpx = 585,1

Da nach der gesättigten Norm für den gebildeten Klinopyroxen
en > fs gilt und der il-Anteil 4,3 % beträgt, ist der Pyroxen als
Titanaugit anzusprechen.

Ist das Alkaliverhältnis k $\geq$ 0,3 wird zunächst Biotit
errechnet und die freiwerdende wo- sowie die restliche hy**-
Komponente dem bereits gebildeten cpx zugeschlagen. ⟶ (5)
Ist k $^<$ 0,3 wird das SiO_2-Defizit weiter abgebaut. ⟶ (6)

5.2.3   Glimmergruppe

Die Glimmergruppe ist nur unter "nassen" magmatischen Bedingungen stabil. Magmatischer Muskowit (ms) kann nach statisti-
schen Untersuchungen Rittmanns nur dann gebildet werden, wenn
der Al_2O_3- also der sil-Anteil der Norm größer als 1,32 hy ist.
Dann ergeben:

$$61 \text{ or'} + 12 \text{ ab'} + 40 \text{ sil'} - 13 \text{ q'} = 100 \text{ ms.}$$

Die Berechnung des Biotits $K(Mg,Fe)_3AlSi_3O_{10}(OH)_2$ ist durch die
chemische Variabilität dieser Mischkristallreihe kompliziert.
So kann K auf der 12-fach koordinierten Position in gewissem
Umfang von Na und Ca, das Fe und Mg der oktaedrischen Position
von Ti und Al sowie das tetraedrisch koordinierte Si von Al ersetzt werden. Daher sind die Berechnungen für dieses Normmineral
in Abhängigkeit von

(a) dem Mg/Fe-Angebot einerseits und den Al-Anteilen anderer-
    seits, d.h. von h = hy/(sil + hy),

(b) dem Alkaliverhältnis k' = 0,3 k + 0,7 (k der gesättigten
    Norm $\geq$ 0,3) durchzuführen.
    In Abhängigkeit vom Wert h ergeben sich folgende Rechnungs-
    modalitäten:

h $<$ 0,82:

100 bi = 53 k'or' + 53 (1-k')ab' + 13 sil' + 60 hy'
+ 5 il' - 31 q'.

h $\geq$ 0,82:

sil' und hy' entsprechen den in der gesättigten Norm errechneten Komponenten sil und hy.
100 bi = 53 k'or' + 53 (1-k')ab' + 13 sil + 60 hy
+ 5 il' - 31 q'.

Enthält die gesättigte Norm keine sil- sondern wo- und
an-Anteile, so werden unter Berücksichtigung der Gleichung
3 sil = 5 an - 2 wo
100 bi = 59 k'or' + 59 (1-k')ab' + 7 an' - 3 wo'
+ 66 hy' - 29 q'.

(c) Die Biotitbildung hängt letztlich auch von der Viskosität
    der Schmelze ab. Fluide Schmelzen können den zur Biotit-
    kristallisation notwendigen Gasgehalt nicht halten. Damit
    wird eine primäre Biotitgenese in derartigen Schmelzen
    praktisch unmöglich. Die sauren, hochviskosen Schmelzen
    hingegen können in Abhängigkeit von dem Verhältnis
    v = (or + ab + Δq)/(wo + hy), wobei v proportional zur
    Viskosität anzunehmen ist, Minerale der Biotitreihe bilden.

    So läßt sich der zu berechnende Biotittyp in einem v-k-
Diagramm darstellen (Bild 5). Oberhalb einer von Rittmann
empirisch ermittelten Grenze, der Geraden mit der Gleichung
v = 12 - 12k, tritt in dem Bereich B_2 Biotit stabil auf (Δq $\leq$ 0).
Soll stabile Biotitbildung bei niedrigeren Viskositäten erfolgen, muß Δq $>$ 0 sein. Die untere Stabilitätsgrenze bildet die
Funktion v = 6 - 6k (B_1).

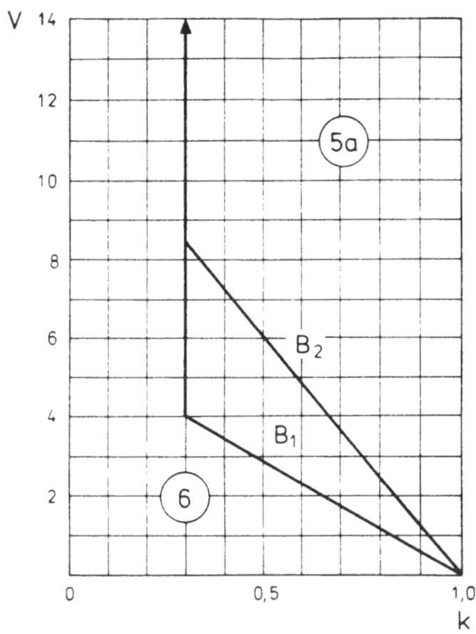

<u>Bild 5</u> Biotitbildung in Abhängigkeit von k und v.

B_1 für $\Delta q > 0$,

B_2 für $\Delta q \leq 0$.

Die Benennung der Biotit-Mischkristalle wird nach dem Verhältnis $m = en/(en + fs)$ vorgenommen. Danach sind zu unterscheiden:

Phlogopit	$m > 0{,}80$
Biotit i.e.S.	$0{,}80 > m \geq 0{,}20$
Siderophyllit	$m < 0{,}20$

⑤ Für den Fall $k \geq 0{,}3$ resultiert folgende Berechnung:

Ermittlung von $v = (or + ab + an)/(wo + hy)$, dann mit v und k anhand von Bild 5 feststellen, ob Biotit gebildet werden kann (Schritt 5a oder 6).

⑤ₐ Berechne $X = 0{,}96\ hy^*$, $k' = 0{,}3\ k + 0{,}70$ und wähle zwischen zwei Alternativen:

I.   (or* + ab*) > 1,11 X, an* $\geq$ 0,1 hy*

il*	or*	ab*	an*	wo* = 0	hy*	Δq*	
-0,08	0,90k'	-0,90(1-k')	-0,10	+0,04	-X	+0,52 =	Biotit
				-wo**	-hy**	zu cpx	
il**	or**	ab**	an**	-	-	Δq** $\longrightarrow$ (6)	

II.   (or* + ab*) $\leq$ 1,11 X und an* $\geq$ 0,1 hy*, dann berechne
      Y = (1,20k-0,16) × (or*+ ab*)

il*	or*	ab*	an*	wo* = 0	hy*	Δq*	
-0,09	-k'Y	-(1-k')Y	-0,11	+0,04	-1,11	+0,58 =	Biotit
				-wo**	-0,06hy*	zu cpx	
il**	or**	ab**	an**	-	-	Δq** $\longrightarrow$ (6)	

Wird <u>an* < 0,1 hy*</u>

ist X = hy* - 0,4 an* zu setzen und das folgende Schema zu errechnen:

il*	or*	ab*	an*	wo* = 0	hy*	Δq*	
-0,06	-0,90k'	-0,90(1-k')	-an*	+0,04 an*	-X	+0,52 =	Biotit
				-wo**	-hy**	zu cpx	
il**	or**	ab**	-	-	-	Δq** $\longrightarrow$ (6)	

<u>Rechenbeispiel</u>: Hauyn-Sanidin-Basanit

         Teil VI (Fortsetzung S. 70)

(5) <u>Errechnung des Glimmeranteils</u>

Es werden keine Biotitanteile berechnet, da k < 0,3 ist $\longrightarrow$ (6)

5.2.4 Sodalith-Gruppe

In SiO_2-untersättigten Gesteinen werden zusätzlich bei Anwesenheit von Cl, SO_3 und CO_2-Überschuß nach Berechnung des Calcits die Glieder der Sodalith-Gruppe stöchiometrisch nach den folgenden Proportionen berechnet:

Sodalith = 6 $NaAlSiO_4$ × NaCl = 9 ne + 1 hl,
Nosean = 6 $NaAlSiO_4$ × Na_2SO_4 = 9 ne + 1 th,
Hauyn = 6 $(Na,K)AlSiO_4$ × $CaSO_4$ = 9 ne + 1 ah.

Tritt in der gesättigten Norm weder hl, ah noch th auf, wird die Verrechnung mit Schritt (7) fortgeführt. Je nach den primär bestimmten hl-, th- und ah-anteilen werden 4 Berechnungsfälle unterschieden:

(6) (1) $\Delta q^* \geq 0 \rightarrow$ hl, th und ah sind als Sekundärbildungen anzusehen und daher bei der weiterführenden Umformung nicht zu berücksichtigen $\longrightarrow$ (7)

(2) $-6hl \leq \Delta q^* < 0 \rightarrow$ Sodalith wird nach dem folgenden Rechenschema ermittelt:

hl	ab*	Δq^*	
-0,167	-2,50	$+\lvert\Delta q^*\rvert$	Sodalith = $1,667\lvert\Delta q^*\rvert$
hl*	ab**	-	$\longrightarrow$ (7)

(3) $-(hl+ah+th) \leq \Delta q^* < -6hl \rightarrow$ In diesem Fall kann Sodalith und Hauyn-Nosean berechnet werden:

hl	(ah + th)	or*	ab*	Δq^*	
-hl			-15	+6	Sodalith = 10 hl
	-0,167	-0,3	-2,2	$+\lvert\Delta q^{**}\rvert$	Hauyn-Nosean = $1,667\lvert\Delta q^{**}\rvert$
-	(ah + th)*	or**	ab**	-	$\longrightarrow$ (7)

(4) $-6(hl+ah+th) \geq \Delta q* \rightarrow$ Für diese Bedingung wird Sodalith zu 10 hl und Hauyn-Nosean zu 10 (ah+th) verrechnet, daher ergibt sich folgendes Rechenschema:

hl	(ah + th)	or*	ab*	$\Delta q*$	
-hl			-15	+ 6	Sodalith = 10 hl
	-(ah + th)	-2	-13	+ 6	Hauyn-Nosean = 10 (ah+th)
-	-	or**	ab**	$\Delta q**$	⟶ (7)

Rechenbeispiel: Hauyn-Sanidin-Basanit

Teil VII (Fortsetzung S. 71)

(6) Ermittlung des Sodalith-Gehalts:

Da für unser Beispiel $\Delta q \leq - 6(hl + ah + th)$ zutrifft, werden Sodalith und Hauyn-Nosean auf der Basis der hl- bzw. der (ah + th)-Komponente errechnet:

hl	(ah + th)	or*	ab*	$\Delta q*$	
-hl			-15	+6	Sodalith = 10 hl
	-(ah + th)	-2	-13	+6	Hauyn, Nosean = 10 (ah + th)
-	-	or**	ab**	$\Delta q**$	⟶ (7)

hl	(ah + th)	or*	ab*	$\Delta q*$	
1,8	13,8	192,4	578,0	-209,1	Anteile nach Verrechnung von
-1,8			-27,0	+ 10,8	cpx, s. Teil V und Teil II
	-13,8	-27,6	-179,4	+ 82,8	des Rechenbeispiels
					Hauyn-Nosean = 138,0
-	-	164,8	371,6	-115,5	⟶ (7)

5.2.5 O̲l̲i̲v̲i̲n̲

Olivin wird stöchiometrisch nach der Formel $(Mg,Fe)_2SiO_4$
neben Hypersthen errechnet, wenn nach der Berechnung des Pyroxen-
Anteils hy* übrig geblieben ist. In SiO_2-untersättigten Gesteinen
ist Olivin nach dem Berechnungsschema 4 hy - 1 q = 3 ol zu bilden. Der umgewandelte Olivin hängt quantitativ von dem zur Verfügung stehenden hy*- und dem SiO_2-Defizit ($-\Delta q$**) ab.

(7) I.   Ist Δq** > 0, verrechne

$\underline{\Delta q**}$ als Q̲u̲a̲r̲z̲ und h̲y̲* als H̲y̲p̲e̲r̲s̲t̲h̲e̲n̲-̲A̲n̲t̲e̲i̲l̲

$\longrightarrow$ (9)

II.   Ist $- 0,25$ hy* $\leq \Delta q** < 0$ wird Olivin auf Δq-Basis
ermittelt:

$3\,|\Delta q**|$ = Olivin, der Hypersthen-Rest hy* unter
Abzug von $|4\Delta q**|$ zur Hypersthen-Komponente zu-
sammengefaßt:
h̲y̲* $- |4\Delta q**|$ = H̲y̲p̲e̲r̲s̲t̲h̲e̲n̲.

$\longrightarrow$ (9)

III. Ist $\Delta q** < - 0,25$ hy* ist der Olivinanteil auf
hy*-Basis zu errechnen:

$0,75$ hy* = O̲l̲i̲v̲i̲n̲. Der bei der Umwandlung frei
gewordene Δq-Anteil in Höhe von $0,25$ hy* ergibt
mit dem Δq**-Rest Δq_1, also
$\underline{\Delta q** + 0,25\ hy* = \Delta q_1}$.

$\longrightarrow$ (8)

R̲e̲c̲h̲e̲n̲b̲e̲i̲s̲p̲i̲e̲l̲: Hauyn-Sanidin-Basanit
Teil VIII, (Fortsetzung S.

(7) O̲l̲i̲v̲i̲n̲b̲e̲r̲e̲c̲h̲n̲u̲n̲g̲

Da $\Delta q** < -0,25$ hy* ist, ergibt sich der Olivin-Anteil zu $0,75$ hy*:
$258,3 \times 0,75$ = O̲l̲i̲v̲i̲n̲ = 1̲9̲3̲,̲7̲.
(siehe Rechenbeispiel Teil V, S. 64)
Das SiO_2-Defizit wird damit auf $\Delta q** + 0,25$ hy* $= \Delta q_1 = -50,9$
verringert.

$\longrightarrow$ (8)

5.2.6 Leucit, Nephelin und Kalsilit

Leucit tritt fast ausschließlich in effusiven bis sub-
vulkanischen Gesteinen auf, da sein Stabilitätsfeld mit an-
steigendem Druck sehr schnell schrumpft. Bereits oberhalb
2 kb (P_{H_2O}) schließen Bowen und Tuttle (1950, S. 497) die
Leucitbildung aus.

Leucit besitzt eine durchschnittliche Zusammensetzung
von $K_{10}NaAl_{11}Si_{22}O_{66}$, der Anteil an $NaAlSi_2O_6$-Komponente beträgt daher im Mittel 9 Mol.-%. Das K/Na-Verhältnis schwankt
jedoch nur unwesentlich.

Hingegen treten bei der Verrechnung von Nephelin Schwierigkeiten dadurch auf, daß sein Chemismus nur selten der chemischen Formel $NaAlSiO_4$ entspricht. Meist werden unterschiedliche
K-Gehalte, die in der Struktur bis zu 1/3 der Na-Atome ersetzen
können, nachgewiesen. Das Alkaliverhältnis k = K/(Na + K) beträgt nach Rittmann im Nephelin ca. 1/3 k des entsprechenden
Gesamtgesteins. k nimmt in Vulkaniten maximale Werte von 0,30,
in H_2O-reichen Plutoniten Werte um 0,15 an. Somit ist nach
Rittmann das Alkaliverhältnis k des Gesteins für die Nephelin-
Berechnung entscheidend.

Andererseits ist vor allem in nur schwach untersilifizier-
ten Gesteinen das Al/Si-Verhältnis des Nephelins nicht stöchiometrisch 1:1, sondern es liegt ein Si-Überschuß vor, der bis
zu 8 Mol.-% ausmachen kann. Der überstöchiometrische Si-Einbau
wird jedoch mit steigendem K-Gehalt des Nephelins abgebaut und
verschwindet, wenn k > 0,4 wird.

Kalsilit weist im Mittel ca. 9 Mol.-% Nephelin-Komponente
auf, die der Berechnung zugrunde gelegte Formel entspricht daher:

$$K_{10}NaAl_{11}Si_{11}O_{44}.$$

Die Berechnung der Foidanteile ist daher abhängig:

1. vom Alkaliverhältnis k des Gesteins,
2. dem Grad der SiO_2-Untersättigung,
3. von der Viskosität der Schmelze.

Salische, sehr viskose Gesteinsschmelzen besitzen gegenüber femischen unter relativ hohem Druck stehende Gasanteile. Diese rufen annähernd subvulkanische Bedingungen hervor und führen daher zu einer erheblichen Stabilitätseinengung beim Leucit. Daher sieht Rittmann die Viskositätsverhältnisse einer Schmelze als wesentliches Kriterium für die Leucitbildung an (s. auch Kap. 5.3.3). Er definiert eine Funktion v' mit

$$v' = (or + ab)/(wo + hy),$$

die annähernde Proportionalität zur Viskosität aufweist. Stellt man nun v' gegen k graphisch dar, so wird das Feld der Nephelinbildung deutlich von dem der Leucitbildung getrennt (s. Bild 6, Grenzlinie L).

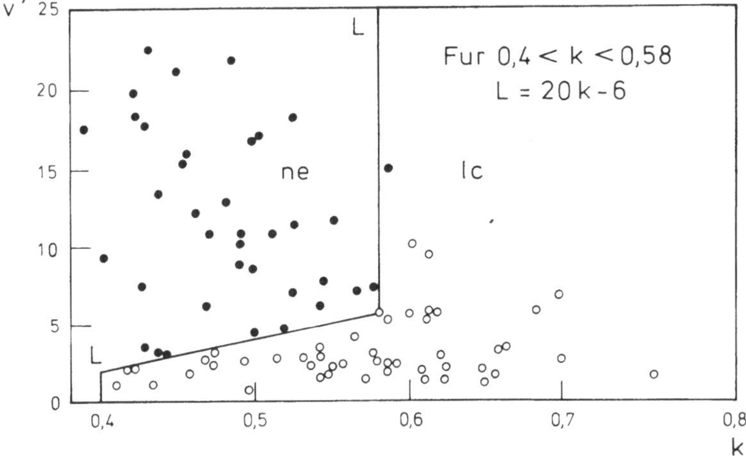

Bild 6   Stabilität von Nephelin (ne) und Leucit (lc) in
Abhängigkeit von k und v'.
Abszisse: k = or/(or + ab),
Ordinate: v'= (or + ab)/(wo + hy).

Es ergeben sich folgende Verhältnisse:

$k < 0,2$ alleinige Bildung von Nephelin,

$0,2 \leq k < 0,4$ zunächst Bildung von Nephelin in stark SiO_2-untersättigten Magmen, anschließend Leucit-Kristallisation.

$0,4 \leq k < 0,58$ Nephelin- oder Leucitbildung in Abhängigkeit von der Viskosität der Schmelze.

Somit ergibt sich aus Bild 6

               primäre Leucitbildung für den Fall $v' < L$

               primäres Nephelinwachstum für den Fall $v' > L$

$0,58 \leq k < 0,91$ Leucitbildung. Bei starker SiO_2-Untersättigung Bildung von Nephelin;

$k \geq 0,91$ Leucitkristallisation allein möglich.

Aufgrund der obigen Aussagen lassen sich die Stabilitätsbereiche von Leucit und Nephelin in zwei Diagrammen festlegen, die die Abhängigkeiten der Nephelin- und Leucitbildung von K^* ($K^* = or^*/(or^* + ab^*)$) sowie Q^* ($Q^* = \Delta q^*/(or^* + ab^*)$) sowohl für fluide (Bild 7) als auch viskose Magmen (Bild 8) beschreiben.

Zur Berechnung des Nephelin- und Leucitanteils werden k, K^* und Q^* bestimmt. Je nach Höhe des errechneten k-Wertes ergeben sich 2 Alternativen:

a) $k < 0,4$:   Im Normalfall (Berechnungsschritt 8) wird Nephelin zu $Ne = U \, |\Delta q_1|$ errechnet, wobei der statistisch ermittelte Faktor $U = 1,7 - 0,5(Q^* + 0,5\, K^*)$ gesetzt wird.

             $K^* = or^*/(or^* + ab^*)$ stellt das Alkaliverhältnis der Alkali-Feldspat-Komponenten nach der Verrechnung der Mafite dar und $Q^* = |\Delta q^*|/(or^* + ab^*)$ den Silifizierungsgrad. Mit den oben erläuterten Abhängigkeiten wird das Alkaliverhältnis des Nephelins $k' = 0,33\, K^*$.

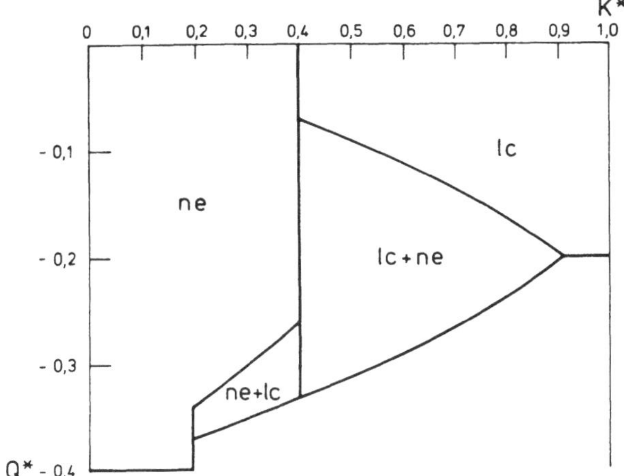

__Bild 7__ Kristallisation der Foide Nephelin und Leucit in Abhängigkeit von K* und Q* für v' < L (fluide Magmen). Abszisse: K*, K* = or*/(or* + ab*), Ordinate: Q*, Q* = Δq*/(or* + ab*).

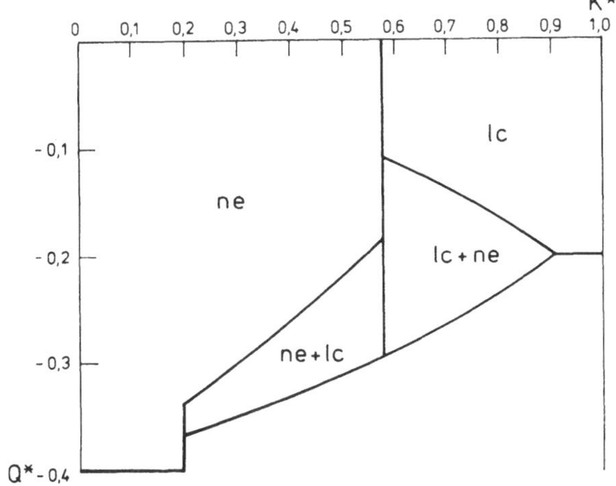

__Bild 8__ Nephelin- und Leucitbildung in viskosen Magmen (v'> L) Abszisse: K*, Ordinate Q*.

b) $k > 0,58$: In diesem Fall wird, abhängig von K* und Q*,
Leucit und evtl. zusätzlich Nephelin verrechnet.
Da Leucit 4 Kationen ($KAlSi_2O_6$) in der Formel
aufweist, werden $4|\Delta q*|$ benötigt, die nach dem o.a.
Chemismus zu Leucit = $4|\Delta q*|$ umgeformt werden.

Im Intervall $0,4 \leq k \leq 0,58$ sind die Verhältnisse nicht
eindeutig. Hier muß unter Hinzuziehung von Bild 6 ermittelt
werden, ob in Abhängigkeit von der Viskositätskonstanten v'
zunächst Nephelin oder aber Leucit zu errechnen ist. Liegt
der darstellende Punkt in dem v'-k-Diagramm oberhalb von der
Geraden L, wird primär Nephelin gebildet, d.h. man wählt
Alternative a) für die weiterführende Berechnung, anderenfalls
ist zunächst der Leucitanteil zu errechnen (Alternative b)).

Reicht die Umwandlung der Feldspat-Komponenten in Nephelin
und/oder Leucit zum Ausgleich des SiO_2-Defizits nicht aus, so
wird der Leucitanteil in <u>Kalsilit ($KAlSiO_4$)</u> verrechnet. Dabei
werden 4 Leucit in 3 Kalsilit umgeformt, d.h. Kalsilit =
0,75 Leucit.

Explizit sind für die oben beschriebene Foidbildung folgende Rechenschritte durchzuführen:

(8) Berechne k = or/(or + ab); K* = or**/(or** + ab**) und
$Q* = |\Delta q_1| / (or** + ab**)$.

a) $k < 0,4$: finde mit K* und Q* in Bild 9 den nächsten
Rechenschritt.

b) Ist $k > 0,58$: finde mit K* und Q* den nächsten Rechenschritt in Bild 10.

c) $0,4 \leq k \leq 0,58$: berechne v' = (or + ab)/(wo + hy); wird
die Grenze des Leucitfeldes, eine Gerade mit der Gleichung
L = 20 k - 6 im v'-k-Diagramm überschritten, d.h. ist
v' > L, so führe man den Rechengang wie unter a), im anderen
Fall wie unter b) fort.

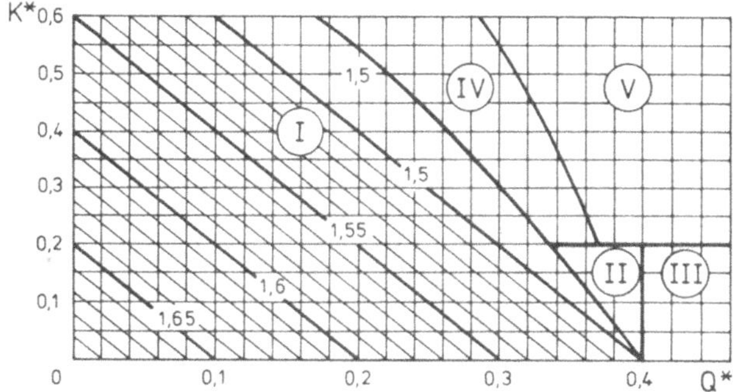

Bild 9   K*-Q*-Diagramm für fluide Magmentypen.

Abszisse: $Q^* = |\Delta q_1| / (or^{**} + ab^{**})$,

Ordinate: $K^* = or^{**} / (or^{**} + ab^{**})$.

Zur Bestimmung von Q_n ermittele man den Schnittpunkt des K*-Wertes mit der Kurve, die Feld I und IV trennt, der zugehörige Q*-Wert entspricht dann Q_n.

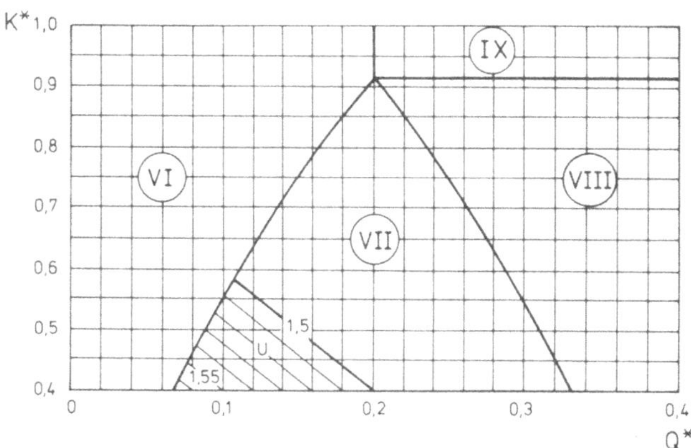

Bild 10   K*-Q*-Diagramm für viskose Magmentypen.

Abszisse: $Q^* = |\Delta q_1| / (or^{**} + ab^{**})$,

Ordinate: $K^* = or^{**} / (or^{**} + ab^{**})$.

Zur Bestimmung von Q_L konstruiere man mit K* den Schnittpunkt mit der Kurve, die die Felder VI und VII trennt und übernehme den Abszissenwert als $Q_L (Q_L \leq 0,2)$.

Mit den ermittelten Faktoren lassen sich in Abhängigkeit
von K* und Q* die im folgenden beschriebenen Nephelin- und
Leucitanteile berechnen:

I   X entspricht mit $(1 + U)\,|\Delta q_1|$ dem umgewandelten Alkali-
Feldspat.

or**	ab**	Δq_1	zur Verfügung stehende Restanteile
-0,33 k*X	-(1-0,33 k*)X	$+|\Delta q_1|$	Nephelin = $U\,|\Delta q_1|$
or***	ab***	-	Rest $\longrightarrow$ (9)

II

(or** + ab**)	Δq_1	
$-2,5\,|\Delta q_1|$	$+|\Delta q_1|$	Nephelin = $1,5\,|\Delta q_1|$
(or*** + ab***)	-	$\longrightarrow$ (9)

III

or**	ab**	Δq_1	
-or**	-ab**	+ 0,4 (or** + ab**)	Nephelin = 0,6 (or**+ab**)
-	-	Δq maximal	$\longrightarrow$ (10)

IV Berechne Nephelin- und Leucit-Anteile mit $X = Q_N\,(or^{**}+ab^{**})$,
Q_N entnehme man Bild 9.

or**	ab**	Δq_1	
-0,83 k*X	- (2,5 - 0,83 k*) X	+ X	Nephelin = 1,5 X
$-4,55\,|\Delta q_1^*|$	$- 0,45\,|\Delta q_1^*|$	$+|\Delta q_1^*|$	Leucit = $4\,|\Delta q_1^*|$
or***	ab***	-	$\longrightarrow$ (9)

V   Berechne Nephelin- und Leucit-Anteile mit $X = Q_N(\mathrm{or}^{**} + \mathrm{ab}^{**})$, Q_N entnehme man Bild 9.

$(\mathrm{or}^{**} + \mathrm{ab}^{**})$	Δq_1	
$- 2,5\ X$	$+ X$	Nephelin $= 1,5\ X$
$-(\mathrm{or}^{***} + \mathrm{ab}^{***}) + 0,2\,(\mathrm{or}^{***} + \mathrm{ab}^{***})$		Leucit $= 0,8\,(\mathrm{or}^{***} + \mathrm{ab}^{***})$
$-$	Δq maximal	$\longrightarrow$ (10)

VI

or^{**}	ab^{**}	Δq_1	
$-4,55\,\lvert \Delta q_1 \rvert$	$-0,45\,\lvert \Delta q_1 \rvert$	$+\lvert \Delta q_1 \rvert$	Leucit $= 4\,\lvert \Delta q_1 \rvert$
or^{***}	ab^{***}	$-$	$\longrightarrow$ (9)

VII   Errechne auf der Basis von $X = Q_L(\mathrm{or}^{**} + \mathrm{ab}^{**})$ Leucit und Nephelin, Q_L entnimmt man Bild 10.

or^{**}	ab^{**}	Δq_1	
$-4,55\ X$	$-0,45\ X$	$+ X$	Leucit $= 4\ X$
$-0,83\ k^*\,\lvert \Delta q_1{}^* \rvert$	$-(2,5-0,83k^*)\,\lvert \Delta q_1{}^* \rvert$	$+\lvert \Delta q_1^* \rvert$	Nephelin $= 1,5\,\lvert \Delta q_1{}^* \rvert$
or^{***}	ab^{***}	$-$	$\longrightarrow$ (9)

VIII Errechne auf der Basis von $X = Q_L(\mathrm{or}^{**} + \mathrm{ab}^{**})$ Leucit und Nephelin

$(\mathrm{or}^{**} + \mathrm{ab}^{**})$	Δq_1	
$- 5\ X$	$+ X$	Leucit $= 4\ X$
$-(\mathrm{or}^{**} + \mathrm{ab}^{**})$	$+ 0,4\,(\mathrm{or}^{**} + \mathrm{ab}^{**})$	Nephelin $= 0,6\,(\mathrm{or}^{**} + \mathrm{ab}^{**})$
$-$	Δq maximal	$\longrightarrow$ (10)

or**	ab**	Δq_1	
-or**	-ab**	+ 0,2 (or**+ab**)	Leucit = 0,8 (or**+ ab**)
-	-	Δq maximal	

$\longrightarrow$ (10)

Rechenbeispiel: Hauyn-Sanidin-Basanit,

Teil IX (Fortsetzung S. 81)

(8) Errechnung der Nephelin-Komponente

$k = 0,24$

$K^* = or^{**}/(or^{**} + ab^{**}) = 164,8/(164,8 + 371,6) = 0,31$

$Q^* = |\Delta q_1|/(or^{**} + ab^{**}) = 0,1$

Da $k < 0,4$ wird mit K^* und Q^* Berechnungsschritt a) ausgewählt
und mit dem graphisch ermittelten U-Wert (1,58)

$X = 131,3$ gewonnen.

or**	ab**	Δq_1	
164,8	371,6	-50,9	
-13,4	-117,9	+50,9	Nephelin = 80,4
151,4	253,7	-	

$\longrightarrow$ (9)

or** und ab** s. Rechenbeispiel Teil VII, Δq_1: Rechenbeispiel Teil VIII.

5.2.7 Feldspäte

Die in der SiO_2-gesättigten Norm (Kap. 5.1.3) errechnete
durchschnittliche Feldspatzusammensetzung hat nur vorläufigen
Charakter. Unterschiedliche Anteile der dort ermittelten Feld-
spatkomponenten wurden in den vorhergehenden Kap. 5.2.2 -
5.2.6 zur Berechnung komplexer Normminerale, wie der Klino-
pyroxen-, Glimmer- und Sodalithgruppe verbraucht. Andererseits
wurden im Falle der SiO_2-Untersättigung Feldspatanteile zugunsten

der Foidbildung aufgelöst. Aus den verbleibenden, durch Stern-
signatur gekennzeichneten Restanteilen errechnet sich der quantitative und qualitative Feldspat-Normbestand. Setzt man den
restlichen Feldspatanteil

fsp = or* + ab* + an* (bzw. or** oder or***, etc. je nach Rechengang),

so ergibt sich die pauschale Zusammensetzung des Feldspats:

$$X = 100 \ or*/fsp$$
$$Y = 100 \ ab*/fsp$$
$$Z = 100 \ an*/fsp.$$

Nun projiziert man die Komponenten X und Z des pauschalen
Rest-Feldspats in das in Bild 11 dargestellte ternäre Feldspat-
diagramm. Dieses stark vereinfachte Diagramm hat Rittmann aufgrund statistischer Untersuchungen an magmatischen Feldspäten
entwickelt. Liegt der entstehende Punkt außerhalb der einge-
zeichneten Mischungslücke, so sind pauschaler und modaler Feldspat identisch. Ist dies nicht der Fall, so koexistieren zwei
Feldspäte, deren qualitative Zusammensetzungen A und B mit den
Schnittpunkten der durch P_{xz} gelegten Verbindungslinie gegeben
sind (s. Rechenbeispiel Teil IX).

Die quantitativen Verhältnisse der beiden Feldspatphasen
sind direkt umgekehrt proportional zu den Längen P_{xz}-B, entsprechend dem Anteil an Sanidin, bzw. P_{xz}-A dem des Plagioklases,
bezogen auf die Gesamtlänge A-B der Sekante.

<u>Rechenbeispiel:</u> Hauyn-Sanidin-Basanit,
                     Teil X (Fortsetzung S. 85)

⑨   <u>Qualitative und quantitative Feldspatanteile</u>

fsp* = 151,4 + 253,7 + 246,3 = 651,4

(s. or** und ab** aus Rechenbeispiel Teil IX, S. 80)

an* aus Rechenbeispiel Teil V, S. 64).

$$X = 100 \times or***/fsp* = \ \ 23,2$$
$$Y = 100 \times ab***/fsp* = \ \ 39,0$$
$$Z = 100 \times an***/fsp* = \ \underline{\ \ 37,8}$$
$$100,0$$

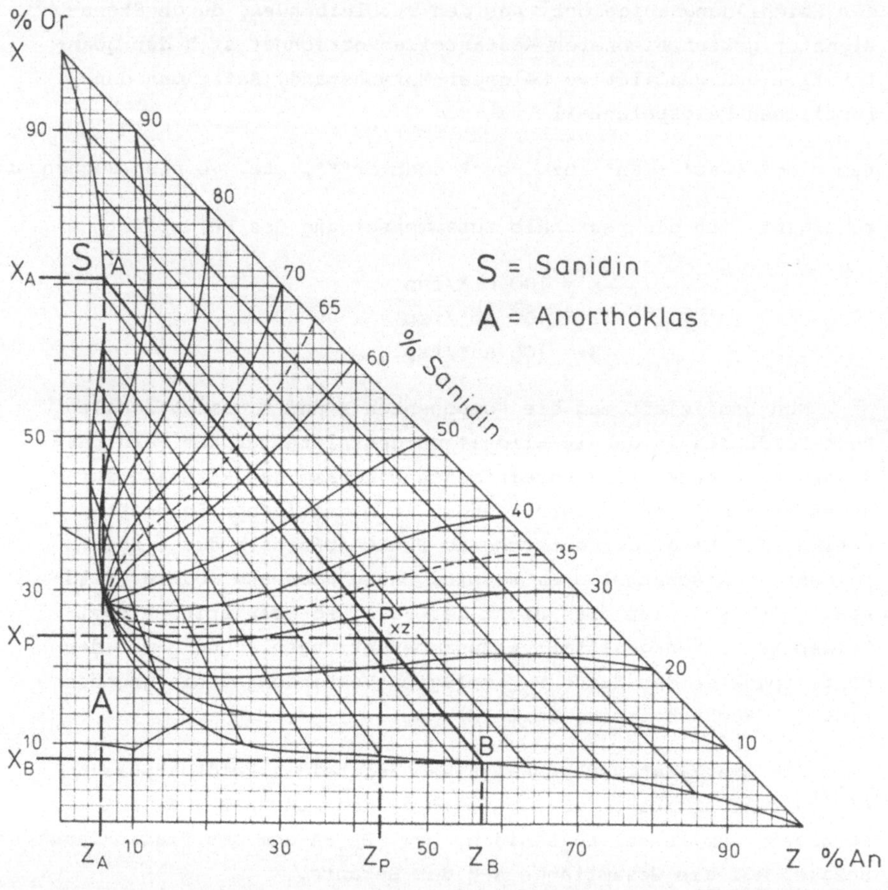

Bild 11   Koexistierende Feldspäte der vulkanischen Fazies (nach Rittmann, 1973). Der Bereich der Mischungslücke ist nach Barth (1969) für Temperaturen von ca. 900°C auf das Feld K-reicher Sanidine und Ca-reicher Plagioklase abgestimmt. Weitere Eintragungen siehe Text.

Man bestimme P_{xz} mit dem errechneten X- und Z-Wert in Bild 11 und lege durch diesen Punkt durch Interpolation zwischen den beiden einhüllenden Sekanten eine Gerade. Diese schneidet die Entmischungskurve an zwei gegenüberliegenden Punkten A und B. Die Koordinaten des Punktes A lauten:

X_A = or_{65} und Z_A = an_6, daher hat der _Sanidin_ die Zusammensetzung: $\underline{or_{65}ab_{29}an_6}$. Der Plagioklas mit dem Punkt X_B = or 8,5 und Z_B = an 48,5 besitzt die Zusammensetzung $\underline{an_{48,5}ab_{43}or_{8,5}}$. Nach Ausmessen der Sekantenlänge A-B sowie der Teilstrecken P_{xz}-B bzw. P_{xz}-A ergibt sich durch einfache Dreisatzbeziehung der _Anteil der Feldspatphasen_ am Gesamtfeldspat: _san = 25,7 %_ und _plag = 74,3 %_. Die _Sanidin-Komponente_ beträgt daher _167,5_, die _Plagioklas-Komponente 484,2_ des Gesamtfeldspats von 651,4 (siehe oben).

$$\longrightarrow \enspace (12)$$

5.2.8 _Melilith-Gruppe_

Verbleibt nach der Berechnung von Leucit und Nephelin (Kap. 5.2.6) noch ein SiO_2-Defizit, dann müssen die provisorisch gebildeten Klinopyroxene in die folgenden Melilith-Komponenten umgewandelt werden, wobei jeweils 1 q freigesetzt wird:

$$2\ CaSiO_3 + MgSiO_3 - SiO_2 = Ca_2MgSi_2O_7$$
$$4\ wo + 2\ en - 1\ q = 5\ \text{Åkermanit}$$

$$CaAl_2SiO_6 + CaSiO_3 - SiO_2 = Ca_2Al_2SiO_7$$
$$4\ ts + 2\ wo - 1\ q = 5\ \text{Gehlenit}$$

$$NaAlSi_2O_6 + CaSiO_3 - SiO_2 = NaCaAlSi_2O_7$$
$$4\ jd + 2\ wo - 1\ q = 5\ \text{Na-Melilith}$$

$$NaFeSi_2O_6 + CaSiO_3 - SiO_2 = NaCaFeSi_2O_7$$
$$4\ ac + 2\ wo - 1\ q = 5\ \text{Na-Ferrimelilith.}$$

Wird Diopsid desilifiziert, erhält man Åkermanit und Olivin nach der Gleichung:

$$4\ CaMgSi_2O_6 - 3\ SiO_2 = 2\ Ca_2MgSi_2O_7 + Mg_2SiO_4$$
$$16\ di - 3\ q = 10\ \text{åk} + 3\ fo$$

Um die Berechnung der Melilithe weitgehend zu vereinfachen, gibt Rittmann eine durchschnittliche Zusammensetzung der magmatischen Melilithe als Grundlage der Melilithumformung an:

$$Na_{0,31}Ca_{1,71}(Mg,Fe)_{0,72}Al_{0,31}Si_{1,95} \triangleq ab_{0,45}wo_{1,00}hy_{0,42}\Delta q_{-0,41}.$$

Zur Umrechnung der Klinopyroxenkomponenten in die zu bildenden Melilithe wird zunächst ein provisorischer Klinopyroxen cpx_o errechnet, indem man il' des ermittelten Klinopyroxens durch il" = 0,5 il' und an' durch (an' + an*) ersetzt. Die andere Hälfte des il" schlägt man dem Magnetit-Anteil (mt_o) zu. Dieser neu gebildete cpx_o wird nun nach den folgenden drei Verrechnungsschlüsseln vollständig in provisorischen Melilith (mel_o), Olivin (ol_o), Herzynit (hz_o), Perowskit (psk_o) und Nephelin (ne_o) umgeformt.

I Ist <u>an > 2,5 il"</u>, dann erfolgt der Verrechnungsansatz über den il"-Anteil zur Bildung von Perowskit:

il" (or'+ab')	an	wo	hy'	-q'	= cpx_o
<u>-il"</u>	-25			+1,00	psk_o = il"; hz_o = 1,5 il"
	<u>-an*</u>	-0,4		+0,4	mel_o = Summe
-0,45		-<u>wo</u>*	-0,42	+0,41	
			- <u>hy</u>*	+0,25	ol_o = 0,75 hy*
-(or'+ab')*				+0,40	ne_o = 0,6 (or'+ab')*
-	-	-	-	-	Σq_m = maximal freigesetztes SiO_2

$\longrightarrow$ (11)

II Ist <u>an ≤ 2,5 il"</u>, wird auf der Basis der An-Gehalte in einem ersten Ansatz hz_o gebildet:

il" (or'+ab')	an	wo	hy'	-q'	= cpx_o
-0,4	<u>-an</u>			+0,40	hz_o = 0,6 an
<u>-il</u>*		-1,0	+1,0		psk_o = il"
-0,45		-<u>wo</u>*	-0,42	+0,41	mel_o = Summe
			-hy*	+0,25	ol_o = 0,75 hy*
-<u>(or'+ab')</u>*				+0,40	ne_o = 0,6 (or'+ab')*
-	-	-	-	-	Σq_m

$\longrightarrow$ (11)

III Ist $\underline{an = 0,0}$, dafür aber ac in der Norm vorhanden, wird
     mel_o auf ac-Basis verrechnet:

il"	(or'+ab')	ac	wo	hy	-q'	= cpx_o	
-il"			-1,0	+1,0		psk_o	= il"
	-0,45	-ac	-0,5		+0,25 ⎫	mel_o	= Summe
			-wo*	-0,42	+0,41 ⎭		
				-hy*	+0,25	ol_o	= 0,75 hy*
	-(or'+ab')*				+0,40	ne_o	= 0,60 (or'+ab')*
−	−	−	−	−	−	Σq_m	⟶ (11)

<u>Rechenbeispiel</u>: Hauyn-Sanidin-Basanit

Teil XI (Fortsetzung S.88)

(s. Rechenbeispiel Teil IX).

(10) <u>Berechnung der provisorischen Mineralanteile</u>
      mel_o, ol_o, hz_o, psk_o und ne_o

Da das SiO_2-Defizit durch Bildung von Nephelin ausgeglichen werden
konnte, entfällt dieser Rechenschritt.

5.2.9 <u>Endgültige Errechnung der SiO_2-untersättigten Norm-mineralanteile</u>

Aus den provisorisch gebildeten Normmineralen des Ver-
rechnungsschrittes 10 werden im letzten Rechengang auf der
Basis des Verhältnisses von SiO_2-Defizit zu maximal frei-
gesetzten q_m-Anteilen die im folgenden beschriebenen SiO_2-
untersättigten Normminerale bestimmt. Diese Anteile werden
den bereits in den Rechenschritten 7 (ol), 8 (ne,le) und 3
(psk) ermittelten zugeschlagen.

I   Ist $K^* \leq 0,2$ berechne $R = |\Delta q_m| / \Sigma q_m$ (Δq_m s. Berechnungs-
schritt 8, Σq_m Schritt 10) und ermittele auf der Basis
der SiO_2-Defizitrelation R die endgültigen Quantitäten
der Normminerale:

Nephelin	$= R\ ne_o + ne$
Kalsilit	$= 0,75\ lc$
Klinopyroxen	$= (1-R)\ cpx_o$
Olivin	$= R\ ol_o + ol$
Melilith	$= R\ mel_o$
Ulvöspinell	$= R\ hz_o + il'' + mt_o$
Perowskit	$= R\ psk_o + psk$
Apatit	$= ap$
Calcit	$= cc$

$\longrightarrow$ (12)

II   Ist $0,2 < K^* < 0,4$ und

a) $|\Delta q_m| \geq 0,25\ lc$, dann setze

$\underline{0,75\ lc = Kalsilit.}$
Berechne mit $R = (|\Delta q_m| - 0,25\ lc)/\Sigma q_m$ die Normminerale
aus 11, I.

b) Ist $|\Delta q_m| < 0,25\ lc$, so ermittele Kalsilit zu

$\underline{3\ |\Delta q_m| = Kalsilit}$
$lc - 4\ |\Delta q_m| = Leucit$; setze $R = 0$, gehe nach I und bestimme
die weiteren Komponenten.

III   Ist $K^* \geq 0,4$, errechne R zu $R = |\Delta q_m| / \Sigma qm$

a) Für $R \leq 0,3$ bestimme:

Leucit   = lc
Nephelin   = R ne_o + ne
Klinopyroxen = (1-R) cpx_o
Olivin   = R ol_o + ol
Melilith   = R mel_o
Ulvöspinell = R hz_o + il" + mt_o
Perowskit   = R psk_o + psk
Apatit   = ap
Calcit   = cc

b) Ist $R > 0,3$, berechne $X = (R-0,3)(|\Delta q_m| + |q'|)$ und setze für

$X \leq 0,75$ lc: Kalsilit = X
$X > 0,75$ lc: Kalsilit = 0,75 lc

Bestimme mit $R^* = (|\Delta q_m| - 0,333\ ks)/\Sigma q_m$ die weiteren Minerale:

α) Für $R^* \leq 1$:

Leucit   = lc - 1,333 ks
Nephelin   = R^* ne_o + ne
Klinopyroxen = (1-R^*) cpx_o
Olivin   = R^*ol_o + ol
Melilith   = R^*mel_o
Ulvöspinell = R^*hz_o + il" + mt_o
Perowskit   = R^*psk_o + psk
Apatit   = ap
Calcit   = cc

β) Für $R^* > 1$:

Die Verrechnung erfolgt wie unter α), es ist jedoch $R^* = 1,0$ zu setzen (cpx_o wird dann 0,0).

→ (11a)

Verbleibt nach der endgültigen Verrechnung ein SiO_2-Defizit
$\Delta qr = \Sigma q_m - \Delta q_m$, so sind zwei Fälle zu unterscheiden:

I CO_2 ist in der chemischen Analyse bestimmt worden, und
es wurde cc gebildet. Zum Ausgleich des Defizits bilde:

    a) wenn lc berechnet wurde: <u>4 lc - 1 q = 3 ks</u>

    b) wenn ol berechnet wurde: <u>3 fa - 1 q = Magnetit</u>
       (Es muß dann die partielle Oxidation zu Magnetit
       angenommen werden).

    c) wenn mel und ol bestimmt wurden: <u>10 mel + 3 ol - 1 q</u>
       <u>= 12 Monticellit</u>

II CO_2 ist nicht bestimmt worden:
     Δqr bleibt bestehen, die Analyse wird als unvollständig
     erachtet.

                                            $\longrightarrow$ (12)

<u>Rechenbeispiel</u>: Hauyn-Sanidin-Basanit
                  Teil XII (Fortsetzung S. 90)

(11) <u>Endgültige Errechnung der SiO_2-untersättigten Normminerale</u>

Wie Rechenschritt 10 erübrigt sich auch Schritt 11, da das
SiO_2-Defizit bereits durch Bildung von Nephelin ausgeglichen
wurde.

5.2.10 <u>Ermittlung des Normmineralbestandes in Vol.-%</u>

    Die für die einzelnen Mineralgruppen errechneten Atomzahlen
werden schließlich mit Hilfe der Volumenfaktoren multipliziert,
wobei die Pyroxengruppe den Bezugswert 1,00 erhält. Es ergeben
sich, bezogen auf die unterschiedlichen Dichten der Minerale,
die in Tab. 19 folgenden Relationen:

Tab. 19   <u>Volumenfaktoren für die Berechnung der Normmineral-
           anteile</u>

Amphibol	1,03	Breunnerit	1,23
Anorthoklas	1,25	Calcit	1,11
Apatit	1,14	Klinopyroxen	<u>1,00</u>
Biotit	1,10	Cordierit	1,22
Korund	0,77	Nephelin	1,08
Cossyrit	0,96	Nosean	1,28
Fayalit	0,88	Olivin	0,88
Granat	0,86	Perowskit	1,02
Hauyn	1,28	Plagioklas	1,21
Herzynit	0,91	Pyrit	1,42
Hypersthen	<u>1,00</u>	Pyroxen	<u>1,00</u>
Ilmenit	0,93	Quarz	1,36
Kalsilit	1,17	Sanidin	1,28
Leucit	1,33	Sodalith	1,28
Magnetit	0,91	Titanit	1,12
Melanit	0,99	Spinell	0,91
Melilith	1,12	Zirkon	1,22
Muskowit	1,20		

Die Summe der Volumenäquivalente wird gleich 100 % gesetzt, und dann werden die Volumenprozente anteilmäßig errechnet. Darüber hinaus bestimmt man zur weiteren Charakteristik des Gesteins die Q-A-P-F-Anteile in Volumenprozent sowie den "colour index" (CI):

Q = Quarzanteil
A = Sanidin + Anorthoklas
P = Plagioklas (einschließlich Albit > 5 Mol.-% An)
F = Nephelin + Leucit + Sodalithgruppe
CI = Summe der femischen Mineralanteile und der Akzessorien.

Rechenbeispiel: Hauyn-Sanidin-Basanit,
Teil XIII

(12) Ermittlung des Normmineralbestandes in Vol.-% [*]

V-Fakt.	Anteile [**]				Von Frechen (1971) berechneter Mineralbestand (Vol.-%)	
ap	= 1,14 ×	23,2	= 26,45	= 1,4 %	Apatit	1,4 %
cc	= 1,11 ×	14,6	= 16,21	= 0,8 %	Calcit	0,8 %
cpx	= 1,00 ×	585,1	= 585,10	= 30,1 %	Augit	27,9 %
ol	= 0,88 ×	193,7	= 170,46	= 8,8 %	Olivin	5,8 %
sod	= 1,28 ×	18,0	= 23,04	= 1,2 %	Sodalith	–
hn	= 1,28 ×	138,0	= 176,64	= 9,1 %	Hauyn	6,1 %
il	= 0,93 ×	30,0	= 27,92	= 1,4 %	Erz	4,0 %
mt_o	= 0,91 ×	32,3	= 29,39	= 1,5 %		
ne	= 1,08 ×	80,4	= 86,83	= 4,5 %	Nephelin	2,9 %
plag	= 1,21 ×	484,2	= 585,88	= 30,2 %	Plagioklas	24,6 %
san	= 1,28 ×	167,5	= 214,40	= 11,0 %	Sanidin	15,3 %
			1.942,32	100,0 %	Hornblende	11,3 %

Sanidin or_{67}/ab_{33}

Plagioklas an_{38}

Q = 0,0

A = 20,0   Sanidin: $or_{65}ab_{29}an_6$

P = 53,7

F = 26,3   Plagioklas: $an_{48,5}ab_{43}or_{8,5}$

[*] Volumen-Faktoren aus Tab. 19

[**] Mineralanteile aus den Rechenschritten 1-9

Eine Gegenüberstellung des von Frechen berechneten Mineralbestandes und der ermittelten Norm nach Rittmann zeigt in den
Hauptkomponenten gute Übereinstimmung, lediglich die mikroskopisch
von Frechen beobachtete Hornblende wird durch die Rittmann-Norm
nicht erfaßt. Rittmann erklärt die Amphibole in der vulkanischen
Fazies generell für Sekundärprodukte. Ein Teil des modalen Horn-
blendeanteils ist bei der Berechnung unseres Beispiels in die
Olivin- und Klinopyroxen-Komponente eingegangen.

5.3   Normmineral-Paragenesen der Magmentypen I, III, IV und V

5.3.1   Der gesättigte Normtyp mit Sillimanit (I)

Wurde der gesättigte Normtyp mit Sillimanit errechnet, handelt es sich also um ein Al_2O_3-betontes Gestein, so werden zunächst charakteristische Kenngrößen für den Gesteinstyp errechnet und zwar:

$k = or/(or + ab)$, das Alkaliverhältnis,

$h = hy/(sil + hy)$ und

$q' = \Delta q/(sil + hy)$.

a) Ist $k < 0,3$, entnimmt man den nächsten Rechenschritt unter Hinzuziehung von h und q' Bild 12,

b) Ist $k \geq 0,30$, läßt sich mit den h- und q'-Werten mittels Bild 13 der nächste Rechenschritt bestimmen.

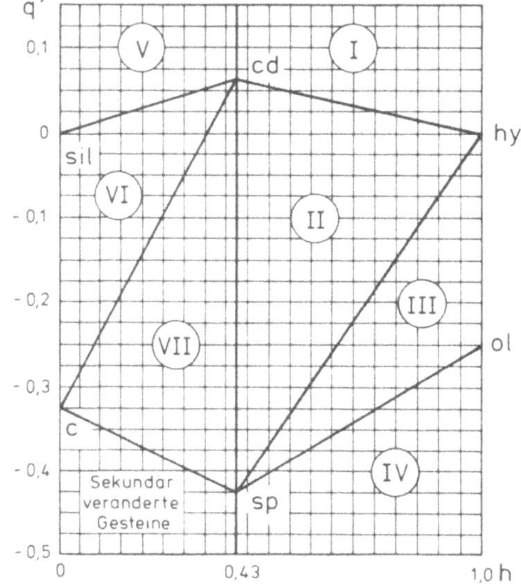

Bild 12   h-q'-Diagramm für fluide Magmentypen.

              Abszisse: $h = hy/(hy + sil)$,

              Ordinate: $q' = \Delta q/(hy + sil)$.

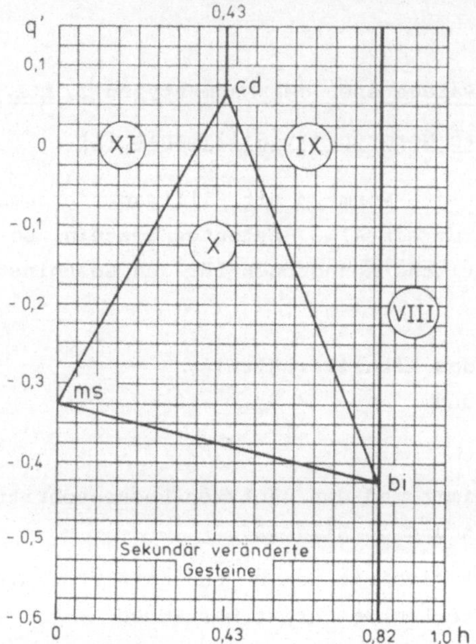

Bild 13   h-q'-Diagramm "viskoser Magmentyp".
Abszisse: h = hy/(hy + sil),
Ordinate: q'= Δq/(hy + sil).

I

or	ab	sil	hy	Δq		
-0,02	-0,10	-sil	-0,75	-0,10	Cordierit	= 1,97 sil
		-hy*			Hypersthen	= hy*
			-Δq*	Quarz	= Δq*
or*	ab*	-	-	-		

$\longrightarrow$ ⑨ *)

*) weitere Rechenschritte (mit arabischen Zahlen)
vgl. Kap. 5.2.7

II Berechne auf der Basis $X = 1,23 \, \Delta q + 0,88 \, sil$ die Norm-
minerale:

or	ab	sil	hy	Δq		
-0,02	-0,10	- X	-0,75	-0,10	Cordierit	= Summe
		-sil*	-0,75	+0,71	Spinell	= Summe
			-hy*		Hypersthen	= hy*
or*	ab*	-	-	Δq*	$\longrightarrow$ (9)	

III

sil	hy	Δq		
-sil	-0,75	+0,71	Spinell	= Summe
	$-4\,\lvert\Delta q^*\rvert$	+Δq*	Olivin	$= 3\,\lvert\Delta q^*\rvert$
	-hy*		Hypersthen	= hy*
-	-	-	$\longrightarrow$ (9)	

IV

sil	hy	Δq		
-sil	-0,75	+0,71	Spinell	= Summe
	-hy*	+0,25	Olivin	= 0,75 hy*
-	-	Δq_1	$\longrightarrow$ (8)	*)

*) weitere Rechenschritte vgl. Kap. 5.2.6

V

or	ab	sil	hy	Δq		
-0,03	-0,13	-1,33	-hy	-0,14	Cordierit	= 2,63 hy
		-sil*			Sillimanit	= sil*
				-Δq*	Quarz	= Δq*
or*	ab*	-	-	-	$\longrightarrow$ (9)	

or	ab	sil	hy	Δq		
-0,03	-0,13	-1,33	$\underline{-hy}$	-0,14	Cordierit	= 2,63 hy
		$-3\,|\Delta q*|$		$+\Delta q*$	Korund	= 2 $|\Delta q*|$
		$\underline{-sil*}$			Sillimanit	= sil*
or*	ab*	-	-	-		

$\longrightarrow$ (9)

VII Berechne mit X = 0,31 sil + 0,46 hy + 0,93 Δq

or	ab	sil	hy	Δq		
-0,03	-0,13	-1,33	$\underline{-X}$	-0,14	Cordierit	= 2,63 X
		-1,33	$\underline{-hy*}$	+0,94	Spinell	= 2,33 hy*
		$\underline{-sil*}$		+0,33	Korund	= 0,67 sil*
or*	ab*	-	-	$\Delta q*$		

$\longrightarrow$ (9)

VIII Berechne k' = 0,3 k + 0,70 (vgl. Kap. 5.2.3)

il	or	ab	sil	hy	Δq	
-0,08	-0,9k'	-0,9(1-k')	-sil	$\underline{-hy}$	+ 0,52	Biotit = 1,46 hy+sil
il*	or*	ab*	-	-	$\Delta q*$	

Ist $\Delta q* \geq 0$, setze $\Delta q* = q$ $\longrightarrow$ (9)

Ist $\Delta q* < 0$, setze $\Delta q* = \Delta q_1$ $\longrightarrow$ (8)

IX Errechne k' = 0,3 k + 0,70 (vgl. Kap. 5.2.3),
    X = 1,2 hy - 0,9 sil

il	or	ab	sil	hy	Δq	
-0,08	-0,9k'	-0,9(1-k')	-0,22	$\underline{-X}$	+0,52	Biotit = Summe
	-0,03	-0,13	-1,33	$\underline{-hy}*$	-0,14	Cordierit=Summe
				$\underline{-\Delta q}*$		Quarz = $\Delta q*$
il*	or*	ab*	sil*	-	-	

$\longrightarrow$ (9)

X   Berechne k' = 0,3 k + 0,70 (vgl. Kap. 5.2.3) und

      X = 0,46 hy - 0,40 sil - 1,21 Δq

il	or	ab	sil	hy	Δq			
-0,08	-0,9k'	-0,9(1-k')	-0,22	<u>-X</u>	+0,52	Biotit	=	Summe
	-0,03	-0,13		-1,33	<u>-hy</u>*-0,14	Cordierit	=	Summe
	-1,54	-0,31		<u>-sil</u>*	+0,33	Muskowit	=	Summe
il*	or*	ab*	-	-	Δq*			

$\longrightarrow$ (9)

XI

or	ab	sil	hy	Δq			
-0,03	-0,13	-1,33	<u>-hy</u>	-0,14	Cordierit	=	Summe
-1,54	-0,31	-sil*		+0,33	Muskowit	=	Summe
				-Δq*	Quarz	=	Δq*
or*	ab*	-	-	-			

$\longrightarrow$ (9)

5.3.2   Der gesättigte Normtyp mit Akmit und mt_0 (III)

Ist das analysierte Gestein alkalibetont, tritt daher in
der gesättigten Norm Akmit auf, wird der weitere Verrechnungsgang sofort in Abhängigkeit von den SiO_2-Verhältnissen des
Gesteins geführt.

a) Wurde Δq $\geq$ O ermittelt $\longrightarrow$ (I)

b) ist Δq < O $\longrightarrow$ (III)

(I)   a) Ermittele 5 Mg: im Falle von 5 Mg > Fe total $\longrightarrow$ (III)

      b) Ist   5 Mg $\leq$ Fe total $\longrightarrow$ (II)

(II)   Berechne mit fs = hy - 2 Mg

fs	Δq	
<u>-fs</u>	+0,25	Fayalit = 0,75 fs
-	Δq^*	

$\longrightarrow$ (III)

(III)   Berechnung des Alkali-Klinopyroxens auf der Basis von M = ac + wo + hy. Errechne il' = 0,015 M, wobei il' $\leq$ il; or' = 0,015 M, ab' = 0,125 M und q' = 0,05 M (s. Kap. 5.2.2). Mit diesen Werten berechne den Klinopyroxenanteil:

il	or	ab	ac	wo	hy	Δq	
-il'	-or'	-ab'	-ac'	-wo	-hy	+q'	Klinopyroxen = Summe
il*	or*	ab*	-	-	-	Δq^*	

$\longrightarrow$ (6) *)

*) weitere Verrechnung s. Kap. 5.2.4

Ermittele mit a = ac/M den Alkali-Klinopyroxentyp:

$\qquad$ a $\geq$ 0,70   Ägirin

0,70 > a > 0,15   Ägirin-Augit

0,15 $\geq$ a > 0,0   Na-Augit

5.3.3   Der gesättigte Normtyp mit Akmit und Sodasilit (IV) oder K-Akmit und Sodasilit (V)

In selteneren Fällen wird die Summe der Alkalien größer als Al + Fe^{3+}. In Extremfällen überwiegt K gegenüber Na-Gehalten (Normtyp V). Der dann in der gesättigten Norm gebildete K-Akmit wird im weiteren Berechnungsschema dem Akmit zugeschlagen, so daß beide Normtypen in Abhängigkeit von den Alkaligehalten (or + ab) einerseits und dem Anteil an Ca, Mg, Fe, Al und Si (ac + wo + hy) andererseits gemeinsam errechnet werden:

a) Ist 4 ((ac + K - ac) + wo + hy) $\geq$ (or + ab) $\longrightarrow$ (III)

b) Ist 4 (ac + wo + hy) < (or + ab), wähle zwischen
   4 Alternativen:

   Für ns $\geq$ O,43 fs und il/fs $\leq$ O,29   ⟶ (A)

       ns $\geq$ O,43 fs und il/fs > O,29   ⟶ (B)

   Für ns < O,43 fs und il/fs $\leq$ O,67   ⟶ (C)

       ns < O,43 fs und il/fs > O,67   ⟶ (D)

(A)

il	ns	fs	Δq	
$\underline{-il}$	-1,5	-3,5	-O,5	Cossyrit = 6,5 il (vgl. Kap.5.1.3)
-	ns*	fs*	Δq*	

⟶ (III)

(B)

il	ns	fs	Δq	
-O,29	-O,43	$\underline{-fs}$	-O,15	Cossyrit = 1,87 fs
il*	ns*	-	Δq*	

⟶ (III)

(C)

il	ns	fs	Δq	
$\underline{-il}$	-1,5	-3,5	-O,5	Cossyrit = 6,5 il
		$\underline{-fs}$*	+O,25	Fayalit = O,75 fs*
-	ns*	-	Δq*	

⟶ (III)

(D)

il	ns	fs	Δq	
-O,67	$\underline{-ns}$	-2,33	-O,33	Cossyrit = 4,33 ns
il*	-	fs*	Δq*	

⟶ (III)

(III) Berechnung des Alkali-Klinopyroxens, Basis M = ac + wo + hy.
Mit il' = 0,015 M (il'$\leq$ il), or' = 0,015 M, ab' = 0,125 M,
q' = 0,05 M ermittele den Klinopyroxen-Anteil
(vgl. Kap. 5.2.2).

il	or	ab	ac	wo	hy	Δq	
-il'	-or'	-ab'	-ac	-wo	-hy	+q'	Klinopyroxen = Summe
il*	or*	ab*	-	-	-	Δq*	

$\longrightarrow$ (6) *)

Mit a = ac/M bestimme den Pyroxentyp:

$\quad$ a $\geq$ 0,70 Ägirin

0,7 > a > 0,15 Ägirin-Augit

0,15 $\geq$ a $\geq$ 0,0 Na-Augit

*) weiterer Verrechnungsgang s. Kap. 5.2.4

98

Literatur zu Kap. 5

Barth, T.F.W. (1952): Theoretical Petrology. - J. Wiley & Sons,
    New York, London, Sydney, Toronto

Barth, T.F.W. (1969): Feldspars. - J. Wiley & Sons Inc.,
    New York, London, Sydney, Toronto

Bowen, N.L. and Tuttle, O.F. (1950): The System $NaAlSi_3O_8$ -
    $KAlSi_3O_8$ - H_2O. - J. Geol. _58_, 489-511

Burri, C. (1961): Le province petrografiche postmesozoiche
    dell'Italia. - Rend. Soc. Mineral. Ital. _17_, 3-40

Chayes, F. (1974): Buchbesprechung zu "Stable Mineral Assemblages
    of Igneous Rocks" von A. Rittmann (1973). - Tscherm.
    min. petrogr. Mitt. _21_, 135-139

Frechen, J. (1971): Siebengebirge am Rhein, Laacher Vulkangebiet,
    Maargebiet der Westeifel. - Sammlung geologischer Führer
    _56_, Gebr. Borntraeger-Verlag, Stuttgart

Hess, H.H. and Poldervaart, A. (1951): Pyroxenes in the
    Crystallization of Basaltic Magma. - J. Geol. _59_, 472-489

Niggli, P. (1936): Über Molekularnormen zur Gesteinsberechnung. -
    Schweiz. min. petrogr. Mitt. _16_, 295-317

Rittmann, A. (1957): On the serial character of igneous rocks. -
    Egyptian J. Geol. _1_, 23-48

Rittmann, A. (1973): Stable Mineral Assemblages of Igneous
    Rocks. - Springer-Verlag, Berlin, Heidelberg, New York

Stengelin, R. and Hewers, W. (1973): ALGOL-Programs for the
    Computation of the Stable Mineral Assemblages of Igneous
    Rocks with the aid of the Rittmann Norm. - Fotodruck
    Präzis, v. Spangenberg KG, Tübingen

6. Berechnungen und graphische Darstellungen von normierten metamorphen Mineralparagenesen

6.1 <u>ACF-Diagramm</u>

In feinkörnigen Metamorphiten läßt sich der Mineralbestand oft nur halbquantitativ bestimmen. Das gilt heute ebenso wie im ersten Drittel unseres Jahrhunderts, als Eskola (1915, 1921) den Begriff der Mineralfazies und das ACF-Diagramm einführte.

Für die Berechnung der Koordinaten des ACF-Diagramms benutzt man ebenfalls die chemische Gesteinsanalyse. Im Gegensatz zu den bisher behandelten Gesteinsnormen werden jedoch keine gesteinschemischen Kennwerte zur Einordnung in ein gesteinschemisches System (Kap. 3, Magmentypen) oder fiktive Normminerale (Kap. 1, CIPW-Norm) ermittelt, sondern die Koordinaten für eine graphische Darstellung berechnet. Diese Koordinaten ergeben Informationen über Mineralparagenesen, welche sich aufgrund der chemischen Zusammensetzung des Eduktes bei einer Metamorphose bilden können, wenn Gleichgewichtsbedingungen herrschen.

Die Zahl der chemischen Komponenten in natürlichen Gesteinen ist meist > 10. Daher macht eine graphische Darstellung aller dieser Parameter große Schwierigkeiten. Schon das Tetraeder, welches vier Komponenten zuläßt, stellt erhebliche Anforderungen an das räumliche Vorstellungsvermögen. Daher hat Eskola das Dreieck gewählt und die folgenden notwendigen Einschränkungen getroffen:

(1) Nebenelemente, welche Akzessorien bilden, wie z.B. das Titan, der Phosphor und andere, werden bei der Dreieckdarstellung nicht berücksichtigt. Die Mengen der Akzessorien müssen mit Hilfe des Mikroskops modal ermittelt oder abgeschätzt werden. Die in ihnen enthaltenen chemischen Komponenten werden von den jeweiligen Komponenten der Gesteinsanalyse abgezogen. Bei der Feinkörnigkeit vieler Metamorphite ist die Bestimmung der Akzessorien problematisch.

(2) Nur die chemischen Analysen von solchen Gesteinen können
    als Berechnungsgrundlage dienen, bei denen SiO_2 im Über-
    schuß vorhanden ist, also freier Quarz auftritt. Man geht
    hierbei von der Überlegung aus, daß sich unter Gleichge-
    wichtsbedingungen bei SiO_2-Überschuß nur die höchstsilifi-
    zierten Minerale, wie z.B. die Feldspäte und Pyroxene bil-
    den, aber keine Foide oder Olivine.

    Bei niedrig metamorphen Gesteinen gilt diese Voraussetzung
    jedoch sicherlich häufig nicht, weil sich in ihnen oft
    keine metamorphen Gleichgewichte eingestellt haben.

(3) Kristallwasser und CO_2 werden nicht berücksichtigt.

(4) FeO, MnO, MgO und gegebenenfalls auch NiO und CoO werden
    zusammengefaßt als Koordinate $\underline{F}$,
    da sie sich in Mineralen weitgehend gegenseitig vertreten
    (Mischkristallreihen). Eine Darstellung von verschiedenen
    Mineralen mit unterschiedlichen Gehalten dieser drei
    Elemente ist nicht möglich.

(5) Al_2O_3 und Fe_2O_3 werden ebenfalls zusammengefaßt. Sie bil-
    den die Koordinate $\underline{A}$.
    Es gilt das unter (4) Gesagte analog.

(6) CaO wird allein dargestellt als Koordinate $\underline{C}$.

(7) K_2O und Na_2O bleiben unberücksichtigt.

    Damit bleibt die Hälfte der chemischen Hauptkomponenten
eines Gesteins außerhalb der Betrachtung.

    Die Zusammenfassung von Al_2O_3 und Fe_2O_3 ist problematisch,
da in vielen Silikaten das dreiwertige Eisen gemeinsam mit
FeO, MgO, MnO u.a. oktaedrische Gitterpositionen besetzt. Al
ist jedoch häufig tetraedrisch koordiniert.

Für jedes Mineral, das im ACF-Diagramm nicht dargestellt
werden kann, muß an der Gesteinsanalyse eine Korrektur vorgenommen werden, so daß der Einfluß dieser Komponente völlig
entfällt. Wegen dieser umständlichen Korrekturen werden die
ACF-Koordinaten natürlicher Gesteine nur relativ selten berechnet.

Die restlichen sechs Komponenten werden so zusammengefaßt,
daß nur drei Parameter verbleiben. Deren Koordinaten ergeben
einen darstellenden Punkt im ACF-Dreieck. Unter diesen Einschränkungen kann selbstverständlich nur eine begrenzte Anzahl von Mineralen im ACF-Dreieck dargestellt werden:

(a) Es entfallen alle Minerale, die nicht an CaO, Al_2O_3 oder
(Fe, Mn, Mg)O gebunden sind, z.B. ein großer Teil der
Erzminerale.

(b) Desgleichen bleiben alle Minerale unberücksichtigt, die
nicht mit Al_2O_3 und SiO_2 verbunden sind, z.B. Titanit
Ca Ti $[O/SiO_4]$ und Apatit $Ca_5 [(OH)/(PO_4)_3]$.

(c) Alle Alkaliminerale, wie z.B. die Alkalifeldspäte, Glimmer
und die Amphibole mit Na-Gehalten können nicht dargestellt
werden.

(d) Die niedrig silifizierten Minerale, wie z.B. der Olivin,
entfallen.

Damit befindet man sich in einer analogen Situation wie
bei der CIPW-Norm. Die komplexen Silikate kommen nicht zur Darstellung. Das ACF-Diagramm enthält lediglich einen eng begrenzten Teil der Minerale, nämlich nur die einfachsten, die aufgrund
der Zusammensetzung des Eduktes möglich sind.

Trotz dieser vielen Einschränkungen, welche die Anwendung
des ACF-Diagramms auf die Untersuchung und Diskussion der
Probleme metamorpher Gesteinsbildungsprozesse meistens aus-
schließen, hat diese Dreiecksdarstellung in den letzten Jahr-
zehnten doch wieder große Bedeutung erlangt. Man arbeitet nämlich in der experimentellen Petrologie meistens mit wenigen

Komponenten. Für diese relativ einfachen und gut überschaubaren
Edukte in wohl definierten Verhältnissen sind Dreiecksdarstel-
lungen sehr gut anwendbar.

Die Information ist beschränkt auf die Mengenverhältnisse,
in denen die Komponenten $A = (Al_2O_3 + Fe_2O_3)$ zu $C = CaO$ und
zu $F = (MgO + FeO + MnO)$ in diesem begrenzten Teil der Minerale
zueinander stehen. Ein solcher stark vereinfachter Fall ist im
Bild 14 darstellt. Das Gestein soll nur aus drei reinen Mineral-
komponenten, nämlich Quarz 20, Pyrophyllit 40 und Dolomit 40
Gewichts.-% bestehen. Dann enthält die chemische Analyse SiO_2,
Al_2O_3, MgO, CaO, H_2O und CO_2. SiO_2, H_2O und CO_2 bleiben unberücksichtigt. Die molekularen Äquivalente der drei verbleibenden Oxide Al_2O_3, CaO und MgO stehen im Verhältnis 20,6:39,7
:39,7 zueinander. Daraus folgt, daß der modale Quarzanteil die
Lage des darstellenden Punktes nicht beeinflußt. C und F müssen
bei idealer stöchiometrischer Zusammensetzung des Dolomits stets
gleich sein. Der darstellende Punkt wird durch die Zusammen-

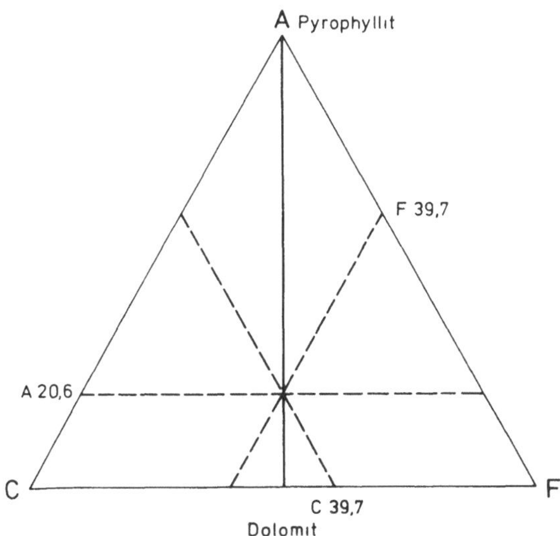

Bild 14   ACF-Diagramm für ein einfaches Modellgestein
(dargestellt sind die Molekularäquivalente der
Oxide Al_2O_3, MgO, CaO)

setzung der Probe bestimmt. Eine Erhöhung des Pyrophyllit-Ge-
haltes läßt den Punkt in Richtung auf die Ecke A hin wandern,
mit Erhöhung des Dolomitanteils hingegen verschiebt er sich
auf den darstellenden Punkt des Dolomits hin.

Die in natürlichen Pyrophylliten häufig beobachtete Sub-
stitution des Al_2O_3 durch MgO verschiebt den darstellenden
Punkt auf die Ecke F zu. Hingegen würde der in Pyrophyllit-
Karbonat-Quarz-Gängen beigemengte Hämatit den darstellenden
Punkt in Richtung auf die A-Ecke verändern, Calcit-Gehalte
hingegen nach C hin verschieben.

Die Tab. 20 und Bild 15 zeigen die darstellenden Punkte
von Mineralen, welche nach der üblichen Berechnungsweise mit
molekularen Äquivalenten nach Eskola ermittelt wurden. Hingegen hat Barth in seinen Arbeiten und in seinem Lehrbuch
"Theoretical Petrology" (1952) nicht nur für die CIPW-Norm
(S. 11), sondern auch für die Berechnung der ACF-Diagramme
atomare Äquivalente benutzt. Der darstellende Punkt eines

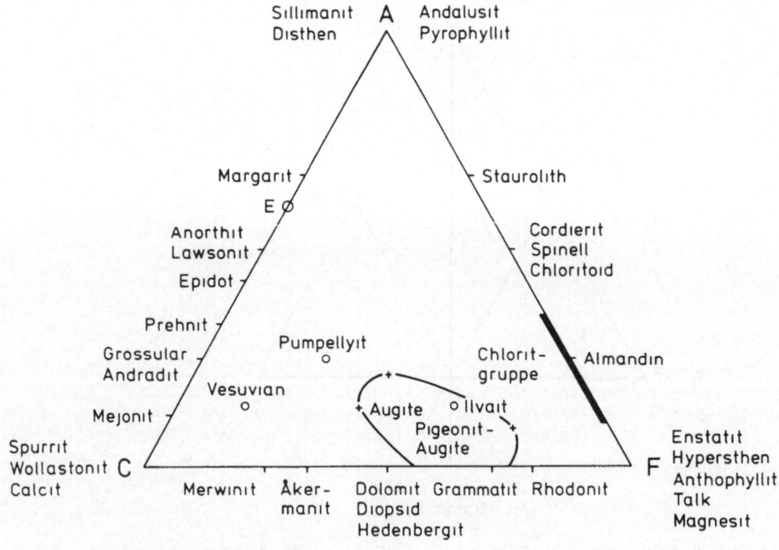

<u>Bild 15</u>   Darstellende Punkte der wichtigsten Minerale im
ACF-Diagramm

Tab. 20 Wichtige ACF-Basisminerale und ihre Koordinaten
         (ohne SiO_2)

Enstatit $Mg_2 [Si_2O_6]$	F = 100		
Talk $Mg_3 [(OH)_2 Si_4O_{10}]$	F = 100		
Hypersthen $(Mg,Fe)_2 [Si_2O_6]$	F = 100		
Antophyllit, Cummingtonit, Gedrit	F = 100		
Magnesit $Mg [CO_3]$	F = 100		
Dolomit $CaMg [CO_3]_2$	F = 50	C = 50	
Diopsid $CaMg [Si_2O_6]$	F = 50	C = 50	
Hedenbergit $Ca Fe [Si_2O_6]$	F = 50	C = 50	
Grammatit $Ca_2 Mg_5 [(OH)_2 Si_8O_{22}]$	F = 71,5	C = 28,5	
Almandin $Fe_3^{2+} Al_2 [(SiO_4)_3]$	F = 75	A = 25	
Spinell $Mg Al_2O_4$	F = 50	A = 50	
Calcit $CaCO_3$	C = 100		
Wollastonit $CaSiO_3$	C = 100		
Grossular $Ca_3Al_2 [SiO_4]_3$	C = 75	A = 25	
Andradit $Ca_3Fe_2^{3+}[SiO_4]_3$	C = 75	A = 25	
Epidot $Ca_2 (Al, Fe)Al_2 [(OH) O (SiO)_4 (Si_2O_7)]$	C = 57	A = 43	
Anorthit $Ca [Al_2Si_2O_8]$	C = 50	A = 50	
Lawsonit $Ca Al_2 [(OH)_2/Si_2O_7] H_2O$	C = 50	A = 50	
Sillimanit, Disthen, Andalusit $Al_2 [0/SiO_4]$	A = 100		
Pyrophyllit $Al_2 [(OH)_2 Si_4O_{10}]$	A = 100		
Staurolith $Al_4 Fe [0/OH/SiO_4]_2$	A = 67	F = 33	
Cordierit $Mg_2 Al_3 [AlSi_5O_{18}]$	A = 50	F = 50	
Chloritoid $(Fe, Mg)_2 Al_4 [(OH) O_2 (SiO_4)_2]$	A = 50	F = 50	
Vesuvian $Ca_{10} (Mg,Fe)_2Al_4 [(OH)_4(SiO_4)_5(Si_2O_7)_2]$	C = 72	A = 14	F = 14
Pumpellyit $Ca_2 (Mg,Fe)(Al,Fe)_2 [(OH)_2SiO_4 Si_2O_7]2 H_2O$	C = 50	F = 25	A = 25
Ilvait $Ca Fe_2^{2+} Fe^{3+} [(OH) O Si_2O_7]$	C = 29	F = 57	A = 14

Minerals oder Gesteins, welches Al_2O_3 oder Fe_2O_3 enthält, liegt
im ACF-Diagramm Eskolas <u>nicht</u> an gleicher Stelle wie im System
von Barth. Der darstellende Punkt des Epidots hat nach Barths
Methode die Koordinaten C = 40; A = 60 (E) in Bild 15, nach
Eskolas Berechnungsweise C = 47; A = 53. Darauf muß man achten,
wenn man ACF-Darstellungen vergleicht. Die Methode Barths ist
zeitnaher, weil die Strukturformeln von Mineralen heute ganz
allgemein in atomaren Verhältnissen geschrieben werden. Die
molekulare Schreibweise ist hingegen völlig aufgegeben worden.
Von den atomaren Strukturformeln der Minerale her gesehen, ist
die Barthsche Methodik geläufiger und leichter überschaubar.

Rechenschema

Für das Berechnungsbeispiel wurde ein von Troll (1966)
untersuchter Metabasit des Bayerischen Waldes ausgewählt
(Tab. 21).

Schritt (a):

Um die Akzessorien Titanit, Ilmenit, Magnetit, Hämatit
usw. eliminieren zu können, muß der modale Mineralbestand
bekannt sein. Letzterer ist bei feinkörnigen Metamorphiten,
wie Phylliten, Grünschiefern usw., besonders aber für die
Akzessorien nur sehr schwer oder gar nicht quantitativ be-
stimmbar.

Ein Teil des Erzes ist Pyrit. 0,13 Gew.-% Schwefel binden
im Pyrit 0,11 Gew.-% Fe^{2+}. Das entspricht 0,14 Gew.-% FeO,
welche vom Werte der chemischen Analyse 6,89 % FeO abzuziehen
sind (Tab. 21).

Bei einer Dichte des Gesteins von 3,01 entsprechen 0,24
Gew.-% Pyrit mit der Dichte 5,1 einem Volumen von 0,14 % des
Gesteins.

Somit verbleiben noch 0,16 Vol.-% Erz, über dessen minera-
lische Zusammensetzung vom Analytiker Troll nichts mitgeteilt
wird. Da das Gestein aber relativ stark reduziert ist

106

$(Fe^{2+} > Fe^{3+}$ und $S^{2-})$, erscheint es erlaubt, die restliche
Erzkomponente als Magnetit zu behandeln. 0,16 Vol.-% Magnetit
entsprechen 0,28 Gew.-% Fe_3O_4. Der Anteil des FeO im Magnetit
beträgt 31 %. Damit sind vom FeO-Analysenwert weitere 0,09 Gew.-%
abzuziehen und vom Fe_2O_3-Wert 0,19 Gew.-% (Tab. 21).
Beim Titanit ist das Verhältnis von CaO : TiO_2 : SiO_2
= 28,6 : 40,8 : 30,6. Seine Dichte liegt bei 3,5 und nur
wenig über der Gesteinsdichte von 3,01. Das Gewicht des auf
2,3 Vol.-% Titanit entfallenden CaO beträgt 0,77 % und muß von
dem Analysenwert 9,46 % CaO abgezogen werden.

Schritt (b):

Enthält das Gestein Alkali-Minerale, die auch MgO-, FeO-
und MnO-Gehalte besitzen, wie zum Beispiel Glimmer und Amphibole, so muß eine Korrektur dieser Oxide entsprechend dem Anteil
des Biotits (Eskola 1939), der Hornblende etc. vorgenommen werden.

In unserem Beispiel weist die Modalanalyse 35,7 Vol.-%
Biotit aus. Da häufig keine chemischen Mineralanalysen neben
der Gesteinsanalyse vorliegen, muß man einen mittleren
(Mg,Fe,Mn)O-Gehalt des betreffenden Minerals korrigieren. Für
Biotit liegt dieser bei 27 Gew.-% (Mg,Fe,Mn)O. Ferner setzt man
willkürlich MgO = (Fe,Mn)O. 35,7 Vol.-% Biotit enthalten 7,6
Gew.-% (Mg,Fe,Mn)O. Somit ist der MgO-Wert von 10,74 um 3,8
auf 6,94 Gew.-% zu vermindern. Das MnO mit 0,14 Gew.-% ver-
schwindet ganz, vom FeO-Wert 6,66 Gew.-% (Spalte a) sind 3,66
Gew.-% abzuziehen. Es verbleiben 3,00 Gew.-% FeO.

Schritt (c):

Jetzt werden die korrigierten Gewichte der Oxide durch
ihre Molekulargewichte geteilt und die so errechneten molekularen Äquivalenzzahlen mit Tausend multipliziert (Tab. 21).

Schritt (d):

Unter der Annahme, daß das gesamte P_2O_5 im Apatit gebunden ist, muß nun der CaO-Wert korrigiert werden. CaO verhält sich im Apatit zu P_2O_5 wie 3,3 zu 1. Auf 16,1 P_2O_5 entfallen demnach 53,1 CaO, welche von 155,0 CaO abgezogen werden, so daß 101,9 CaO verbleiben.

Schritt (e):

Zuletzt muß nun noch das an die Alkalifeldspäte gebundene Al_2O_3 berücksichtigt werden. Da im Feldspat Alkalioxid zum Al_2O_3 sich wie 1 : 1 verhält, ergibt die Summe der Alkalioxid-Molekularzahlen, hier 45,9 + 22,6 = 68,5, den Korrekturwert. Zieht man von 167,0 Al_2O_3 diese Zahl ab, so verbleiben 98,5 Al_2O_3.

Schritt (f):

Nachdem jetzt sämtliche im ACF-Dreieck nicht darstellbaren Komponenten eliminiert sind, werden Al_2O_3 = 98,5 und Fe_2O_3 = 8,5 und ferner MgO = 172,2 mit FeO = 41,8 zusammengefaßt. CaO = 101,9 bildet allein einen weiteren Wert.

Die Summe von 422,9 wird gleich 100 gesetzt, und nun werden die prozentualen Anteile der drei Komponenten A = Al_2O_3 + Fe_2O_3 = 25,3 %, C = CaO = 24,1 % und F = MgO + FeO = 50,6 % berechnet.

Damit sind die ACF-Koordinaten des darstellenden Punktes der Probe "Metabasit von Vocking" berechnet.

Schematisch lassen sich diese Rechenschritte nach der Korrektur der Akzessorien wie folgt schreiben:

$$(Al_2O_3 + Fe_2O_3) - (Na_2O + K_2O) = A$$
$$CaO - 3,3\ P_2O_5 = C$$
$$(MgO + MnO + FeO) - \text{Anteil des Biotits} = F$$

Weitergehende Korrekturen, die auf Modalanalysen und chemische Mineralanalysen basieren, sind im obigen Rechenschema (Flußdiagramm, Anhang) nicht enthalten.

Tab. 21   Metabasit von Vocking   Analytiker: G. Troll (1966)

Modalanalyse			Chemische Analyse			Schritt a	Schritt b	Schritt c	Schritt d	Schritt e	Schritt f
Plagioklas	19,2	Vol.-%	SiO_2	42,98	Gew.-%						
Kalifeldspat	6,1	"	TiO_2	1,98	"			$MZ \times 10^3$			
Quarz	0,1	"	Al_2O_3	17,03	"			167,0		98,5	107,0
Biotit	35,7	"	Fe_2O_3	1,55	"	1,36		8,5			
Hornblende	15,6	"	FeO	6,89	"	6,66	3,00	41,8			
Pyroxen	18,4	"	MnO	0,14	"		0,00	--			214,0
Titanit	2,3	"	MgO	10,74	"		6,94	172,2			
Apatit	2,3	"	CaO	9,46	"	8,69		155,0	101,9		101,9
Erz	0,3	"	Na_2O	1,40	"			22,6			Σ 422,9
Orthit	Spuren		K_2O	4,32	"			45,9			
Epidot	Spuren		P_2O_5	2,29	"			16,1			
Karbonat	Spuren		H_2O	1,31	"						
D = 3,010			H_2O^-	0,004	"	422,9 = 100 %;					
			S^{2-}	0,13	"	A = 25,3 %; C = 24,1 %; F = 50,6 %					

6.2   Anwendungsbeispiel für das ACF-Diagramm

In vielen Lehrbüchern von Barth, Correns und Eskola (1939)
bis Miyashiro (1973) wird die höher temperierte Kontaktmetamorphose des Kristiania-Gebietes behandelt. Sie bietet ein
gutes Beispiel substratabhängiger Mineralbildung.

Von V.M.Goldschmidt (1911) wurden im Gebiet von Oslo
Kontaktmetamorphite untersucht, welche sehr charakteristisch
für die inneren Kontaktzonen von Sedimentgesteinen gegen Intrusivgesteine sind. Der Metamorphosegrad in den engsten Kon-
taktbereichen der Essexite entspricht der Pyroxen-Hornfels-
fazies, wie er z.B. auch im Kontaktbereich des Harzburger
Gabbro-Massivs und anderer hochtemperierter Magmenintrusionen
ausgebildet ist.

Die Edukte der von Goldschmidt untersuchten Hornfelse
waren fossilreiche kalkig-tonige Sedimente des Silurs, welche
stratigraphisch sehr gut einzuordnen sind. Diese sedimentären
Ausgangsgesteine besitzen im ACF-Diagramm darstellende Punkte
unterschiedlichster Lagen. Sehr aluminiumreiche Tonschiefer
liegen nahe der Dreiecksspitze A. Mit zunehmenden Calcit- oder
Dolomitanteilen verschieben sich die darstellenden Punkte in
Richtung auf die Basislinie C-F. Mit der Änderung des Edukts
stellen sich nach Goldschmidt zehn verschiedene Mineralparagenesen ein, so daß man aus der Beobachtung solcher Paragenesen
auch auf die chemische Ausgangszusammensetzung, das Edukt,
rückschließen kann.

Bei der Kontaktmetamorphose entstehen aus den Tonschiefern
Andalusithornfelse, während sich in den mergeligen Edukten beim
Entweichen des CO_2 mehr und mehr CaO und MgO enthaltende Silikate
bilden. Solche Kalksilikathornfelse sind allgemein verbreitet.

Die Hornfelsklassen dieser Orthopyroxen-Fazies werden nach
ihren typischen Mineralen benannt.

Es sind folgende Paragenesen:

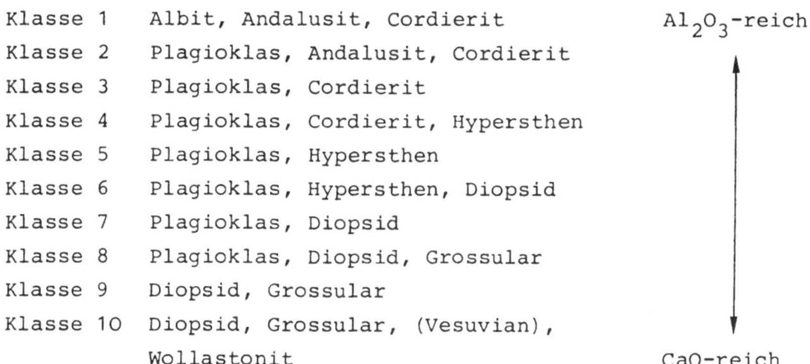

Klasse 1   Albit, Andalusit, Cordierit
Klasse 2   Plagioklas, Andalusit, Cordierit
Klasse 3   Plagioklas, Cordierit
Klasse 4   Plagioklas, Cordierit, Hypersthen
Klasse 5   Plagioklas, Hypersthen
Klasse 6   Plagioklas, Hypersthen, Diopsid
Klasse 7   Plagioklas, Diopsid
Klasse 8   Plagioklas, Diopsid, Grossular
Klasse 9   Diopsid, Grossular
Klasse 10   Diopsid, Grossular, (Vesuvian),
             Wollastonit

In allen Klassen können noch Kalifeldspat und Quarz hinzu-
kommen. Die Quarzmenge nimmt jedoch mit wachsender Klassen-
nummer ab, und Quarz fehlt meistens in den Klassen 8-10. An
seine Stelle tritt häufig Calcit.

In den Klassen 1-7 ist oft noch Glimmer vorhanden. Unter
den Glimmern ist der Biotit offenbar für die Fazies typomorph,
während der Muskowit nach Goldschmidt ein Produkt aus der
letzten Phase der Mineralbildung bei erniedrigter Temperatur
ist.

Überträgt man nun die Paragenesen der 10 Hornfelsklassen
auf das ACF-Dreieck des Bildes 16, so liegen die darstellenden
Punkte der Klasse 1 zwischen der Dreiecksspitze A, welche den
darstellenden Punkt für Andalusit beinhaltet und der Mitte der
Dreiecksseite A-F. Hier liegt der darstellende Punkt des
Cordierits. Wie man Bild 15 entnehmen kann, ist neben den von
Goldschmidt beobachteten Mineralen Andalusit und Cordierit
bei entsprechenden pT-Bedingungen auch die Bildung von Disthen,
Sillimanit, Staurolith, Pyrophyllit, Chloritoid und Spinell
aus solchen Edukten möglich. Der von Goldschmidt gefundene
Albit ist hingegen im ACF-Diagramm nicht enthalten, desgleichen
auch nicht die Albitkomponente des Plagioklases in den folgen-
den Klassen 2-8.

Die Klasse 2 nimmt das Feld zwischen dem Anorthit, Andalusit und Cordierit ein. Die Klasse 3 ist hingegen auf die Verbindungslinie zwischen Cordierit und Anorthit beschränkt, welche einem A-Wert von 50 % entspricht. Die C- und F-Werte können
zwischen 0 und 50 % variieren.

Sinkt der Tonanteil des Eduktes weiter, so wird der A-Wert
geringer, und der darstellende Punkt der Klasse 4 liegt dann
im Feld des Teildreiecks zwischen Anorthit, Cordierit und
Hypersthen unterhalb 50 Mol.-% A.

Mit steigenden Karbonatgehalten stellen sich die typischen
Kalksilikatminerale Diopsid, Grossular, Vesuvian und Wollastonit
ein (Klassen 6-10). Auch für solche Edukte gilt, daß sich außerhalb des von Goldschmidt im Oslogebiet untersuchten pT-Bereiches
der Pyroxenhornfelsfazies andere Mineralparagenesen bilden können. Solche Minerale sind im unteren Bereich des ACF-Dreiecks
(Bild 15) dargestellt. Bei extrem Mg-reichen Edukten, d.h. im
rechten unteren Bereich des ACF-Dreiecks, kommt es nicht zur
Ausbildung von Wollastonit und Diopsid. Vielmehr werden die
Paragenesen Talk und Quarz oder Bronzit-Hypersthen und Quarz
beobachtet. Damit entfallen die Klasse 6-10 Goldschmidts.
Analoges gilt, wenn die Edukte sehr eisenreich sind. Es bilden
sich Silikate des Eisens.

Besteht kein Quarz-Überschuß oder gar ein SiO_2-Defizit,
so werden freie Karbonate gebildet, oder es entstehen daneben
je nach Edukt Korund (Al_2O_3), Periklas (MgO), Kalk (CaO),
Forsterit, Fayalit sowie Spinell. Solche Gesteine sind im
ACF-Diagramm nicht darstellbar.

Bei Gegenwart von Cl, SO_4 und CO_2 können anstelle der
Plagioklase Skapolithe gebildet werden.

Der Einfluß des Na_2O und K_2O auf die Mineralbestände,
z.B. im Albit, Plagioklas, Biotit, Muskowit und Kalifeldspat,
wird durch die Subtraktion entsprechender molekularäquivalen-
ter Mengen Al_2O_3 beseitigt. Nach dem auf S.108 gegebenen

112

Rechenschema ist diese Korrektur jedoch unvollkommen, da sie
meist nur auf die Alkalifeldspäte bezogen wird, nicht aber auf
die Glimmer und Hornblenden. In Letzteren sind die Alkalioxide
aber nicht nur an Al_2O_3, sondern auch an FeO und MgO gebunden.
Diese Umstände haben aber bei der Untersuchung der komplexen
natürlichen Metamorphite erhebliche Konsequenzen. Berechnet man
nämlich für das in viele Lehrbücher eingegangene Beispiel aus
dem Oslogebiet die ACF-Koordinaten, so stellt man fest, daß die
darstellenden Punkte der von Goldschmidt untersuchten Hornfelse
im ACF-Diagramm nicht dort liegen, wo sie eigentlich liegen
müßten. Zum Beispiel fallen die darstellenden Punkte für die
Klassen 4,5 und 6 sämtlich in die zentralen Bereiche des Feldes
der Klasse 4 (Bild 16). Leider hat Goldschmidt nur für 6 der
10 Klassen aus dem Oslogebiet chemische Analysen mitgeteilt.

Korrigiert man die ACF-Werte auf den Biotitgehalt, so
wird die Lage der darstellenden Punkte etwas verbessert. Sie
kann aber aus dem oben angeführten Grunde nicht ideal werden.

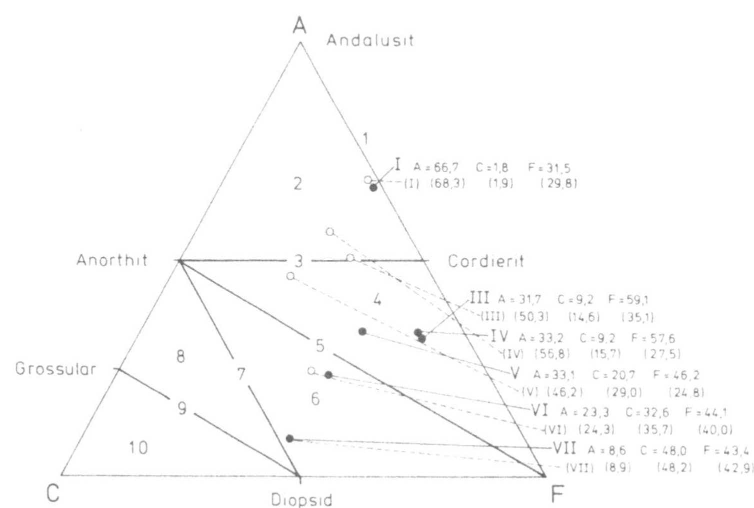

Bild 16 Darstellung der Gesteine aus den von Goldschmidt (1911)
mitgeteilten chemischen Analysen

Damit wird die eingangs getroffene Feststellung erhärtet, daß
die ACF-Darstellung vorwiegend für die experimentelle Petrologie von Bedeutung ist, da bei Syntheseexperimenten in reinen
und überschaubaren Systemen gearbeitet wird.

6.3   A'KF-Diagramm

Anstatt des CaO kann man auch das K_2O in die Dreiecksdarstellung hereinnehmen. Dieses Vorgehen empfiehlt sich, wenn
man karbonatarme tonige Sedimente und ihre Metamorphite untersucht.

Die auch hierbei notwendigen Korrekturen werden analog
zum ACF-Verfahren vorgenommen. Die Akzessorien Magnetit, Ilmenit
usw. werden nach ihrem modalen Anteil am Gestein in die Korrektur einbezogen. Die Berücksichtigung des Apatits entfällt ebenso
wie die von Ca-Mineralen, welche nicht an Al_2O_3 oder $(Fe,Mg)O$
gebunden sind, wie z.B. Wollastonit, Calcit usw.

Hingegen wird das in den Feldspäten an CaO, Na_2O und K_2O
gebundene Al_2O_3 vom chemischen Analysenwert des Al_2O_3 abgezogen.
Die schematischen Rechenschritte nach Berücksichtigung der
Akzessorien sind die folgenden:

$$A' = (Al_2O_3 + Fe_2O_3) - (Na_2O + K_2O + CaO)$$

$$K = K_2O$$

$$F = (FeO + MgO + MnO)$$

Bei der Berechnung der A'KF-Koordinaten wird der A'-Wert
auch bezüglich der K_2O-Komponente korrigiert. Hier unterscheidet
sich die Berechnungsweise von der der ACF-Koordinaten. Man will
nämlich beim A'KF-Diagramm den Al_2O_3-Überschuß ermitteln, der
nicht an die übrigen Kationen, sondern nur an SiO_2 und daneben
an H_2O gebunden ist und damit zur Bildung der Tonminerale dient.

114

Durch den vorgegebenen Abzug des CaO vom Al_2O_3 + Fe_2O_3
erfolgt eine Korrektur, die der Zusammensetzung des Anorthits
entspricht, nämlich 1 : 1. Kommen Minerale anderer CaO/Al_2O_3-
Verhältnisse vor, so wird A' in anderen Relationen korrigiert.

$A' = (Al_2O_3 + Fe_2O_3) - (Na_2O + K_2O) - 1/3$ Cao für Andradit-
Grossular

$- 3/4$ für Zoisit-Epidot

$- 2$ CaO für Margarit

Falls Paragonit auftritt, muß dessen erhöhter Al_2O_3-Gehalt
gegenüber Albit korrigiert werden.

Weitergehende Korrekturen, die auf Modalanalysen und chemischen Mineralanalysen basieren, sind dem obigen einfachen
Rechenschema folgend im Flußdiagramm des Anhangs nicht berücksichtigt.

Die Zahl der im A'KF-Diagramm darstellbaren Minerale ist
wesentlich kleiner als bei der ACF-Darstellung. Die Tab. 22
sowie Bild 17 enthalten die wichtigsten Minerale mit ihren
A'KF-Koordinaten.

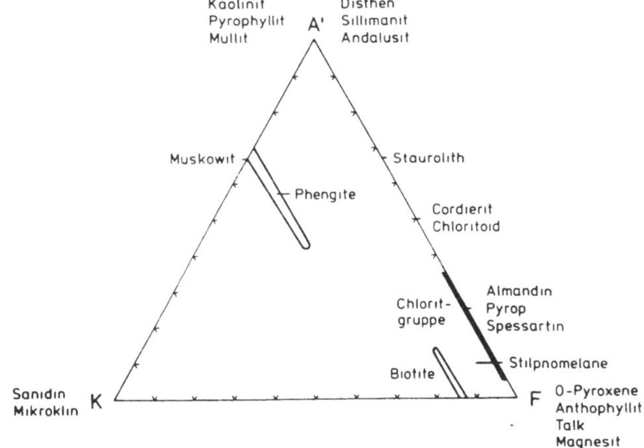

<u>Bild 17</u>   Darstellende Punkte der wichtigsten Minerale im
A'KF-Diagramm

<u>Tab. 22</u>   <u>Übersicht der A'KF-Minerale</u>

Mineral	Formel	A'	K	F
Kalifeldspat	$K\,[AlSi_3O_8]$	0	100	0
Muskowit	$KAl_2\,[OH/AlSi_3O_{10}]$	67	33	0
Biotit	$K(Mg,Fe)_3\,[OH/AlSi_3O_{10}]$	0	14	86
Staurolith	$Fe_2Al_9\,[O_6(OH,O)_2(SiO_4)_4]$	67	0	33
Chloritoid	$(Fe,Mg)_2Al_4\,[(OH)_4O_2(SiO_4)_2]$	50	0	50
Cordierit	$(Mg,Fe)_2Al_3\,[AlSi_5O_{18}]$	50	0	50
Pyralspite	$(Mg,Fe,Mn)_3Al_2\,[SiO_4]_3$	25	0	75
Talk	$Mg_3\,[(OH)_2Si_4O_{10}]$	0	0	100
Antophyllit	$(Mg,Fe)_7\,[(OH)_2Si_8O_{22}]$	0	0	100
Gedrit	$(Mg,Fe)_6Al\,[(OH)_2AlSi_7O_{22}]$	0	0	100
Orthopyroxen	$(Mg,Fe)_2\,[Si_2O_6]$	0	0	100
Andalusit, Sillimanit, Disthen	$Al\ Al\,[O/SiO_4]$	100	0	0
Kaolinit	$Al_4\,[(OH)_8Si_4O_{10}]$	100	0	0
Pyrophyllit	$Al_2\,[(OH)_2Si_4O_{10}]$	100	0	0

<u>Rechenschema</u>

Als Berechnungsbeispiel dient ein von Frey (1969) untersuchter Epidot-Hornblende-Biotit-Schiefer (Tab. 23).

<u>Schritt (a):</u>

Die Korrektur von Akzessorien kann entfallen, da Turmalin
nur in Spuren vorhanden ist, im Titanit aber kein Al_2O_3 oder
(Fe,Mg)O enthalten ist.

<u>Schritt (b):</u>

Die Modalanalyse zeigt, daß in dem Schiefer 16 Gew.-% Hornblende enthalten sind (Tab. 23). Für die chemische Zusammensetzung dieser Hornblende gibt Frey (1969) folgende Werte an:
8,0 Al_2O_3, 0,5 Fe_2O_3, 9,7 FeO, 14,9 MgO, 0,31 MnO, 11,8 CaO,
1,2 Na_2O und 0,38 K_2O Gew.-%. Damit müssen die Werte der Gesteinsanalyse um folgende Korrekturwerte vermindert werden: Al_2O_3
1,28, Fe_2O_3 0,08, FeO 1,55, MgO 2,38, MnO 0,05, Ca 1,89,
Na_2O 0,19 und K_2O 0,06 Gew.-%.

<u>Schritt (c):</u>

Die korrigierten Oxidgewichte werden durch ihre Molekulargewichte geteilt und die 8 errechneten molekularen Äquivalentzahlen mit der Zahl Tausend multipliziert.

<u>Schritt (d):</u>

Da Epidot nicht das gleiche Al_2O_3/CaO-Verhältnis hat wie
Anorthit, muß für die im hier untersuchten Schiefer vorhandene
Menge von 15 Gew.-% eine Korrekturrechnung vorgenommen werden.
Epidote enthalten etwa 23 Gew.-% CaO. Bei 15 % Epidot im
Schiefer entspricht das einer CaO-Menge von 3,45 Gew.-% oder
einer MZ $\times 10^3$ von 61,5. 3/4 dieses CaO-Wertes sind von der
molekularen Äquivalentzahl des Al_2O_3 abzuziehen. Es verbleibt
die Zahl 104,0. Für CaO bleibt der Wert 4,5 übrig.

Tab. 23   Berechnung der A'KF-Koordinaten des Epidot-Hornblende-Biotitschiefers MF 149
          nach Frey (1969, 1975)

Modalanalyse			Chemische Analyse			Schritt b	Schritt c	Schritt d	Schritt e	Schritt f
Quarz	14	Gew.-%	SiO_2	54,8	Gew.-%					
Albit	23	"	TiO_2	0,83	"		$MZ \times 10^3$			
Biotit	28	"	Al_2O_3	16,6	"	15,3	150,1	104,0	114,0	37,8
Chlorit	3	"	Fe_2O_3	1,7	"	1,6	10,0	10,0		
Hornblende	16	"	FeO	5,8	"	4,25	59,2			163,7
Epidot	15	"	MnO	0,07	"	0,02	0,3			
Titanit	2	"	MgO	6,6	"	4,2	104,2			
Turmalin	Sp	"	CaO	5,6	"	3,7	66,0	4,5		
			Na_2O	3,0	"	2,8	45,2	45,2	76,2	
			K_2O	2,6	"	2,5	26,5	26,5		26,5
			P_2O_5	0,01	"					Σ 228,0
			H_2O	2,1	"					
			Summe	99,71	Gew.-%					

228,0 = 100 %;

A' = 16,5 %; K = 11,6 %; F = 71,9 %

<u>Schritt (e):</u>

Jetzt werden die Äquivalenzzahlen des Al_2O_3 und des Fe_2O_3 zusammengefaßt (114,0), und es erfolgt die Subtraktion der Äquivalenzzahlen des K_2O und Na_2O (71,7) sowie des Restes CaO (4,5). Damit verringert sich die Äquivalenzzahl des Al_2O_3 + Fe_2O_3 auf 37,8.

<u>Schritt (f):</u>

Nachdem jetzt sämtliche im A'KF-Diagramm nicht darstellbaren Komponenten eliminiert wurden, werden FeO, MnO und MgO zum Wert 163,7 zusammengefaßt. Al_2O_3 besitzt den korrigierten Wert 37,8 und K_2O den Wert 26,5. Die Summe dieser drei Zahlen 228,0 wird gleich 100 % gesetzt. Die prozentualen Anteile der drei Komponenten entsprechen A' = 16,5 %, F = 71,9 % und K = 11,6 %.

Damit sind die A'KF-Koordinaten des Epidot-Hornblende-Biotit-Schiefers berechnet und lassen sich in ein A'KF-Dreieck eintragen.

6.4 <u>AFM-Diagramm</u>

In den ACF- und A'KF-Diagrammen sind FeO und MgO mit MnO zu der F-Komponente zusammengesetzt. Treten nun zwei koexistierende Phasen auf, die in verschiedenen Anteilen Mg und Fe enthalten, so trifft man z.B. häufig in Metamorphiten nebeneinander Granat, Hornblende, Biotit und Chlorit, dann ist eine Trennung von FeO und MgO unbedingt erforderlich. Daher hat Thompson (1957) das AFM-Diagramm entwickelt. Auch hier wird wieder vorausgesetzt, daß SiO_2 im Überschuß und ferner, daß Muskowit stets vorhanden ist. Daher eignet sich diese Darstellungsweise besonders für metamorphe Pelite, also für tonige Ausgangsgesteine.

TiO_2, Fe_2O_3, MnO, Na_2O, CO_2, P_2O_5 werden vernachlässigt
und nur Al_2O_3, MgO, FeO und K_2O berücksichtigt. Diese vier
Komponenten bedingen zwangsläufig eine Tetraederkonstruktion.
Man setzt in die Ecken der Dreiecksgrundfläche Al_2O_3, MgO und
FeO. K_2O bildet die Spitze des Tetraeders. In der Grundfläche
liegen alle K_2O-freien Minerale, wie Chlorit, Chloritoid, Cor-
dierit, Almandin, Staurolith u.a.. Für die im Raume liegenden
Minerale macht man nun die folgende Hilfskonstruktion: Muskowit
liegt entsprechend $K\,Al_2\,[AlSi_3O_{10}(OH)_2]$ auf der Verbindungslinie Al_2O_3-K_2O auf der Höhe 1/4. Da Muskowit immer vorausgesetzt wird, nimmt man den darstellenden Punkt des Muskowits als
Bezugspunkt. Alle K_2O-haltigen Minerale besitzen darstellende
Punkte im Tetraeder. Diese darstellenden Punkte werden mit dem
Punkt des Muskowits verbunden und gradlinig verlängert, bis sie
außerhalb der Tetraedergrundfläche deren erweiterte Ebene durch-
stoßen. Alle auf der Verbindungslinie Al_2O_3-K_2O liegenden Punkte
können selbstverständlich auf diese Weise nicht dargestellt werden. Das betrifft den Muskowit selbst und auch den Kalifeldspat.

Da auch bei dieser Darstellung viele Korrekturen angebracht
werden müssen, andererseits nur eine Erweiterung des ACF-Diagramms erfolgt, und damit die Anwendung auf natürliche Gesteine
sehr eingeschränkt ist, soll auf eine ausführliche Darstellung
verzichtet werden.

<u>Literatur zu Kap. 6</u>

Barth, T.F.W. (1952): Theoretical Petrology. - J. Wiley & Sons,
    New York - London, 2nd ed. (1962)

Eskola, P. (1915): Om sambandet mellan kemisk och mineralogisk
    sammansättning hos Orijärvitraktens metamorfa bergarter. -
    Bull. comm. géol. Finlande 44, 109-145

Eskola, P. (1920): The mineral facies of rocks. - Norsk Geol.
    Tidsskr. <u>6</u>, 143-194

Eskola, P. (1939): in: Barth, Correns und Eskola: Die Entstehung
    der Gesteine. - S. 334-368, J. Springer-Verlag Berlin

Frey, M. (1969): Die Metamorphose des Keupers vom Tafeljura bis
    zum Lukmanier-Gebiet (Veränderungen tonig-mergeliger Ge-
    steine vom Bereich der Diagenese bis zur Staurolith-Zone). -
    Beitr. Geol. Karte d. Schweiz N.F. 137, 160 S.

Frey, M. (1975): Gesteinsmetamorphose. - Vorlesungsskriptum
    Min.-Petr. Inst. d. Univ. Bern WS 1974/75

Goldschmidt, V.M. (1911): Die Kontaktmetamorphose im Kristiania-
    Gebiet. - Vidensk. Selsk. Skr. I. Mat.-Naturv. Kl. No. 11

Miyashiro, A. (1973): Metamorphism and metamorphic belts. -
    Allen & Unwin London

Thompson, J.B. (1957): The graphical analysis of mineral
    assemblages in pelitic schists. - Amer. Mineralogist 42,
    842-858

Troll, G. (1966): Über Metabasite des Bayerischen Waldes
    1. Zur Petrographie und Petrochemie apatit- und biotit-
    reicher Metabasite im nördlichen Passauer Wald. -
    N. Jb. Miner. Abh. 106, 72-105

Turner, F.J. and Verhoogen, J. (1960): Igneous and metamorphic
    petrology. - McGraw-Hill New York

Winkler, H.G.F. (1974): Petrogenesis of metamorphic rocks. -
    3rd ed., Springer-Verlag Berlin - Heidelberg - New York

Sodasilit 52, 56, 57, 96
Spinell 47, 53, 89, 93, 94,
       105, 111, 112
Standardzelle Barths 41, 44,
       45
Staurolith 105, 111, 116, 120
Stoffbilanz 42, 43, 44, 45
Stoffumsätze 41, 45

Talk 105, 112, 116
Thenardit 4, 50, 53
Titanaugit 63, 65
Titanit 4, 53, 58ff, 89, 102,
       106, 107, 109, 117,
       118
Tschermak's Molekül 61
Turmalin 117, 118

Ulvöspinell 86, 87

Valenzbilanz 45
Vesuvian 105, 111, 112
Volumenfaktoren 88, 89, 90

Wollastonit 3, 8, 13, 53, 55, 57, 63,
       105, 111, 112

Zirkon 4, 50, 51, 53, 89
Zoisit 115

Unterstrichene Zahlen

beziehen sich auf

Tabellen

A n h a n g

I. Rechenprogramm "Konventionelle Gesteinsnorm" für die
    Kap. 1 CIPW-Norm, Kap. 2 Niggli-Werte, Kap. 4 Barth-
    sche Standardzelle und Kap. 6 unkorrigierte Koordinaten
    von ACF, A'KF und AFM;
    (erweitert nach dem GRNA-Programm, Bochum 1970).

    Programmiersprache: FORTRAN

    Speicherbedarf   Kernspeicher   = 43 K
    (minimal):
                               Trommelspeicher = 72 K

                               Plattenspeicher = 191 K

    Druckseiten: 16

    Rechenzeit für
    10 Analysen (TR 440):   20 sec.

II. Rechenprogramm für das Kap. 5 "Vulkanische Fazies"
    der Rittmann-Norm (nach W. Hewers und R. Stengelin,
    Tübingen 1973).

    Programmiersprache: ALGOL

    Speicherbedarf   Kernspeicher   = 36 K
    (minimal):
                               Trommelspeicher = 84 K

                               Plattenspeicher = 172 K

    Druckseiten: 24

    Rechenzeit für
    10 Analysen (TR 440):   30 sec.

A1

I. Fortran-Programm "Konventionelle Gesteinsnorm"

A. <u>Erstellen einer Lochkarte und Berechnung der gewünschten Gesteinsnorm</u>

Die Berechnungen der verschiedenen Normen können mit Hilfe dieses Programms entweder selektiv oder aber summarisch erfolgen. Das selektive Errechnen einer gewünschten Norm läßt sich anhand der Programmidentifizierung (IOP) durchführen. Diese besteht aus einer fünfstelligen Zahl (Spalte 1-5 der Lochkarte) mit folgender Bedeutung:

10000 = Berechnung der CIPW-Norm (molekular)
01000 = Berechnung der Barthschen-Kationen und Standard-
        zelle
00100 = Berechnung der CIPW-Norm (atomar)
00010 = Berechnung der Niggli-Werte
00001 = Berechnung verschiedener Diagramme (ACF, A'KF,
        AFM, QFM, QLM, vgl. auch Flußdiagramm).

Will man daher alle Normberechnungen inklusive der Diagrammparameter errechnen lassen, ist der 5-stellige Code mit 11111 vorzulegen.

Wesentlich für die Berechnung der Einzelnormen ist, daß sie sowohl mit der abgelochten Original- als auch mit der auf 100 % normierten Analyse durchgeführt werden kann. Bei der augenblicklichen Fassung des Programms werden die Gesteinsnormen auf der Basis der Originalanalyse verrechnet. <u>Will man von normierten chemischen Analysen ausgehen, muß statt der Lochkarte NORM 520 mit dem Inhalt L 100 = .TRUE. die Karte L 100 = .FALSE. eingesetzt werden.</u>

Nach dem 5-stelligen Programm-Identifizierungscode (vgl. Bild A1) liest der Rechner die Daten von 21 Elementen und Oxiden in der folgenden Reihenfolge von der <u>Lochkarte</u> ein:

$$SiO_2, \ Al_2O_3, \ Fe_2O_3, \ FeO, \ MgO, \ CaO, \ Na_2O, \ K_2O, \ H_2O \qquad TiO_2, \ P_2O_5$$

Formate: F4.2   F3.2

$$MnO, \quad ZrO_2, \quad CO_2, \quad SO_3, \ Cl, \ F, \ S, \ Cr_2O_3, \quad NiO, \quad BaO$$

Formate: F2.2   F3.2   F4.2   F3.2   F2.2   F3.2

Die einzugebenden Gewichtsprozente sind ohne
Dezimalpunkt und trennendes Komma abzulochen. Der Rechner
liest formatgebunden und zwar die Oxide SiO_2 bis H_2O
jeweils als F4.2 - insgesamt 4 Stellen pro Analysenwert,
2 Dezimalstellen nach dem Komma - usw..

Die letzten 4 Spalten der Lochkarte dienen der
Proben-Identifizierung, die aus einer beliebigen Integer-
Zahl (ganzzahlig) $\leq$ 9999 bestehen kann.

B.   <u>Rechnerausdruck</u>

Einen typischen Rechnerausdruck gibt Tab. A1 wieder.
Auf die Probennummer folgt der Ausdruck der vorgegebenen
Elemente bzw. Oxide, darunter werden die von der Lochkarte
eingelesenen Gewichtsprozente der Analyse ausgedruckt.
In der 3. Zeile dieses Blocks stehen die berechneten
molekularen Anteile (Mol.Amts) für die entsprechenden
Oxide. Dann werden in gleicher Weise die Berechnungser-
gebnisse für die Molekular- und Kationen-Äquivalentnorm
dargestellt. Alle übrigen Ergebnisse lassen sich unschwer
Tab. A1 entnehmen, zum Verrechnungsgang ziehe man zusätzlich das im folgenden aufgezeichnete Flußdiagramm zu Rate
(s. S. A9ff.).

A3

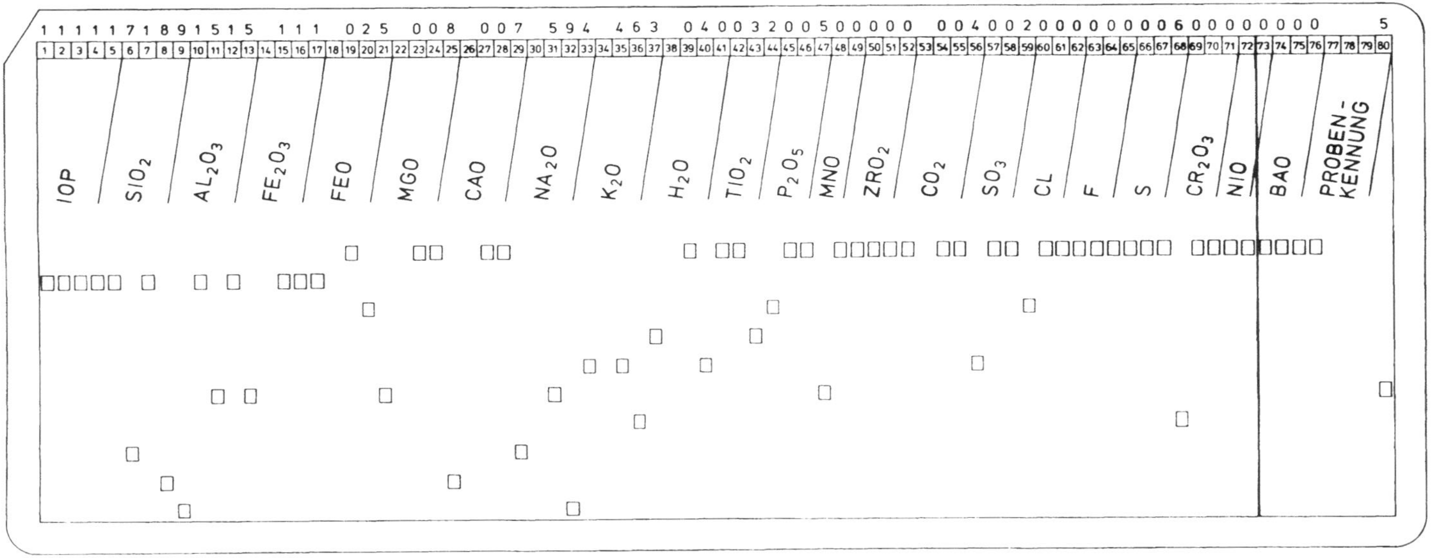

Bild A1   Ablochschema einer Lochkarte zur Errechnung der "konventionellen" wie der Rittmann-Gesteinsnorm. Beispiel: Quarz-Keratophyr, Lahn-Dill-Gebiet.

A4

ROCK NORM FOR SAMPLE NO.   5

CONSTITUENTS	SIO2	AL2O3	FE2O3	FEO	MGO	CAO	NA2O	K2O	H2O	TIO2	P2O5	AL2O3/SIO2
PERCENTAGES	71.89	15.15	1.11	0.25	0.08	0.07	5.94	4.63	0.40	0.32	0.05	0.211
MOL. AMTS.	1.1965	0.1486	0.0070	0.0035	0.0020	0.0012	0.0958	0.0491	0.0222	0.0040	0.0004	

CONSTITUENTS	MNO	ZRO2	CO2	SO3	CL	F	S	CR2O3	NIO	BAO	TOTAL	FEO/FE2O3
PERCENTAGES	0.0	0.0	0.04	0.02	0.0	0.0	0.06	0.0	0.0	0.0	100.01	0.225
MOL. AMTS.	0.0	0.0	0.0009	0.0002	0.0	0.0	0.0019	0.0	0.0	0.0		

CIPW - MOLEKULARNORM

MINERALS	Q	C	Z	OR	AB	AN1	AN2	LC	NE	KP	HL	TH
MOL. AMTS.	0.3259	0.0038	0.0	0.0491	0.0956	0.0	0.0	0.0	0.0	0.0	0.0	0.0002
PERCENTAGES	19.642	0.392	0.0	27.360	50.132	0.0	0.0	0.0	0.0	0.0	0.0	0.035

MINERALS	NC	AC	NS	KS	WO	EN	FS	FO	FA	CS	MT	CM
MOL. AMTS.	0.0	0.0	0.0	0.0	0.0	0.0011	0.0	0.0	0.0	0.0	0.0	0.0
PERCENTAGES	0.0	0.0	0.0	0.0	0.0	0.113	0.0	0.0	0.0	0.0	0.0	0.0

MINERALS	HM	IL	TN	PF	RU	AP	FR	PR	CC	MG	DI	HY
MOL. AMTS.	0.0070	0.0025	0.0	0.0	0.0015	0.0004	0.0	0.0009	0.0001	0.0008	0.0	0.0011
PERCENTAGES	1.110	0.386	0.0	0.0	0.117	0.118	0.0	0.112	0.007	0.070	0.0	0.119

MINERALS	TOTAL	SALIC	FEMIC	DI-WO	DI-EN	DI-FS	HY-EN	HY-FS	OL	OL-FO	OL-FA	
MOL. AMTS.				0.0	0.0	0.0	0.0011	0.0	0.0	0.0	0.0	
PERCENTAGES	99.713	97.561	2.152	0.0	0.0	0.0	0.115	0.0	0.0	0.0	0.0	

BARTH CATIONS	SI	AL	FE+3	FE+2	MG	CA	NA	K	H	TI	P	MN
PERCENTAGES	66.03	16.40	0.77	0.19	0.11	0.07	10.58	5.42	2.45	0.22	0.06	0.0

BARTH CATIONS	ZR	C	SI	CL	F	S2	CR	NI	BA			
PERCENTAGES	0.0	0.05	0.01	0.0	0.0	0.10	0.0	0.0	0.0			

BARTH STANDARD CELL	SI	AL	FE+3	FE+2	MG	CA	NA	K	TI	P	MN	ZR
	124.8	23.2	1.1	0.2	0.1	0.1	5.0	2.6	0.4	0.1	0.0	0.0

BARTH STANDARD CELL	C	S	CR	NI	BA	O	OH					
	0.1	0.0	0.0	0.0	0.0	155.4	4.6					

BARTH - KATIONEN-AEQUIVALENTNORM

MINERALS	Q	C	Z	OR	AB	AN1	AN2	LC	NE	KP	HL	TH
PERCENTAGES	18.041	0.425	0.0	27.125	52.754	0.0	0.0	0.0	0.0	0.0	0.0	0.061

MINERALS	NC	AC	NS	KS	WO	EN	FS	FO	FA	CS	MT	CM
PERCENTAGES	0.0	0.0	0.0	0.0	0.0	0.127	0.0	0.0	0.0	0.0	0.0	0.0

MINERALS	HM	IL	TN	PF	RU	AP	FR	PR	CC	MG	DI	HY
PERCENTAGES	0.767	0.281	0.0	0.0	0.081	0.104	0.0	0.155	0.008	0.092	0.0	0.127

MINERALS	TOTAL	SALIC	FEMIC	DI-WO	DI-EN	DI-FS	HY-EN	HY-FS	OL	OL-FO	OL-FA	
PERCENTAGES	100.115	98.386	1.730	0.0	0.0	0.0	0.127	0.0	0.0	0.0	0.0	

NIGGLI VALUES	AL*	FM*	C*	ALK*	SI	TI	P	H	K	MG	SII	QZ
	47.29	6.16	0.40	46.15	380.82	1.27	0.11	7.07	0.34	0.10	159.08	281.73

NIGGLI VALUES	C/FM	H										
	0.06	0.80										

RATIOS

	MOLE			WEIGHT			
A1.C.F1	65.88	0.0	34.12				
A2.C.F2	18.08	0.0	81.02	ALK..F..M	88.83	10.50	0.67
A1.K.F1	16.19	75.43	8.39				
A2.K.F2	5.28	72.16	22.55				
Q..F..M	49.02	45.25	5.73	Q..OR.AB.	20.22	28.17	51.61
Q..L..M	81.86	16.10	2.04	Q.OR.ABAN	20.22	28.17	51.61
				OR.AB.AN.	33.31	64.69	0.0
				Q..OR..AB..AN...	20.22	28.17	51.61	0.0

Tab. A1 Rechnerausdruck zur "konventionellen Gesteinsnorm".
Beispiel: Quarz-Keratophyr, Lahn-Dill-Gebiet.

A5

A.   <u>Dateneingabe</u>

Der an der TU Clausthal installierte Rechner TR 440 (Telefunken) vermag beide Gesteinsnorm-Programme, das Fortran- und Algol-Programm, unter einer Jobnummer abzuarbeiten. Daher ist die Eingabe für das Algol- dieselbe wie für das Fortran-Programm (s. Kap. I., S. A3). Nach dem 5-stelligen Programm-Identifizierungscode - hier gegenstandslos - folgen die Analysendaten für 21 Elemente bzw. Oxide, am Schluß steht die vierstellige Analysenkennung.

B.   <u>Rechnerausdruck</u>

Einen Rechnerausdruck zeigt Tab. A2.
Im einzelnen wird folgendes dargestellt:
1. Probenkennung
2. Vorgegebene Elemente/Oxide sowie entsprechende Gewichtsprozente der Analyse, inklusive Summenbildung
3. Berechnung der Akzessorien cc, hl, ah, th, zir (Kap. 5.1.1)
4. Berechnung des gesättigten Normtyps (Kap. 5.1.3)
5. Errechnung der Feldspatanteile x, y, z (Kap. 5.2.7)
6. Darstellung der Normmineralanteile
7. Bestimmung der Q-A-P-F-Werte für das Streckeisen-Diagramm
8. Ermittlung von
   σ, entsprechend dem "Serien-Index" nach Rittmann, 1957 (Gew.-%): $\sigma = (Na_2O + K_2O)/(SiO_2-43)$
   $\tau = (Al_2O_3 - Na_2O)/TiO_2$ (Gew.-%)
   zur Unterscheidung von "high aluminia" - Basalten von Tholeiiten und Alkali-Basalten.
   Ox^O (Oxidationsgrad) $= Fe^{3+}/(Fe^{3+} + Fe^{2+} + Mn)$
   $Alk = Na_2O + K_2O$ (Gew.-%)
   $Alk\ 100 = 100\ Alk/(Alk + MgO + Fe_{tot})$

$$Fe_{tot} = 0,9\ Fe_2O_3 + FeO + MnO$$
$$Fe_{tot}\,100 = 100\ Fe_{tot}/(Alk + MgO + Fe_{tot})$$
$$MgO\ 100 = 100\ MgO/(Alk + MgO + Fe_{tot})$$

Die Werte für Alk 100, Fe_{tot}100 und MgO 100 lassen sich für eine Darstellung im Alk-F-M-Dreieck weiter verwenden.

Zur Verdeutlichung des Rechenganges - im Detail - soll das im folgenden dargestellte Flußdiagramm dieser komplexen Norm beitragen (s. S. A23 ff.).

A7

NR.   5   11111   (VOLCANIC FACIES)

SIO2 71.89   AL2O3 15.15   FE2O3 1.11   FEO   0.25   MGO   0.08   CAO   0.07   NA2O 5.96   K2O 4.63
H2O   0.40   TIO2   0.32   P2O5   0.05   MNO   0.00   ZRO2 0.00   CO2   0.04   SO3   0.02   CL   0.00
F   0.00   S   0.06   CR2O3 0.00   NIO   0.00   BAO   0.00
SUM 100.01

SPECIAL NORM MINERALS

CC   1.8   HL   0.0   AH   0.5   TH   0.0   Z   0.0   PR   2.8   CM   0.0

SATURATED NORM TYPE 1

AP   0.1   IL   8.0   MTO   5.2   OR   492.6   AB   958.1   AN   0.0
SIL 10.4   HY   20.3   DELTAQ 314.2

X (OR)   33.5   Y (AB)   66.5   Z (AN)   0.0   (FIGURE 11)

QUARTZ   19.1   SANIDINE   0.0   ANORTHOCLASE 78.4   PLAGIOCLASE 0.0   NEPHELINE 0.0
LEUCITE   0.0   KALSILITE   0.0   SODALITE   0.0   HAUYNE   0.0   NOSEAN   0.0

CLINOPYROXENE   0.0   FAYALITE   0.0   MELILITE   0.0
OLIVINE   0.0   ORTHOPYROXENE   0.0   TITANITE   0.0   PEROVSKITE   0.0
MAGNETITE   0.2   SILLIMANITE   0.0   COSSYRITE   0.0   CALCITE   0.1
ILMENITE   0.3   SPINEL   0.0   SODASILITE   0.0   ZIRCON   0.0
APATITE   0.0   CORDIERITE   0.7   CORUNDUM   0.0
BIOTITE   1.2   MUSCOVITE   0.0   MELANITE   0.0   CHROMITE   0.0

Q   19.6   A   80.4   P   0.0   F   0.0   CI   2.4

SIGMA 3.87   LOGSIGMA 0.587   OXO   0.80   ALK   10.57   ALK100 88.8
TAU   28.78   LOGTAU   1.459   FE(TOT)   1.25   FE(TOT)100 10.5   MGO100   0.7

Tab. A2   Rechnerausdruck zur "vulkanischen Fazies" der Rittmann-Norm.
          Beispiel: Quarz-Keratophyr, Lahn-Dill-Gebiet.

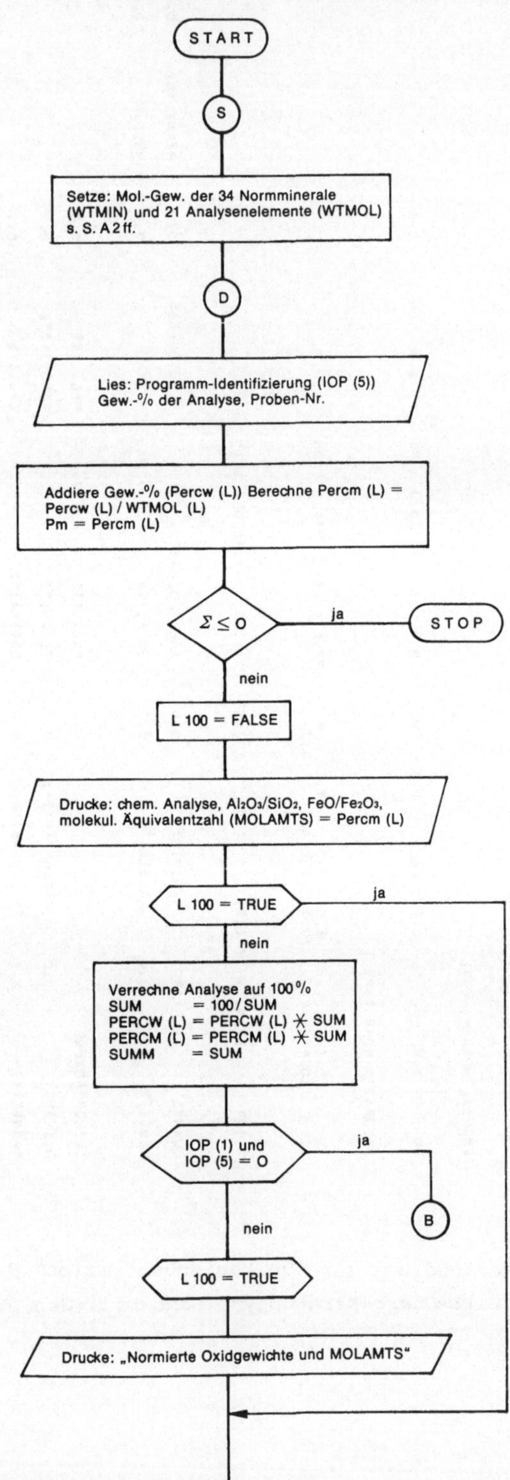

START
S
Setze: Mol.-Gew. der 34 Normminerale (WTMIN) und 21 Analysenelemente (WTMOL) s. S. A 2 ff.
D
Lies: Programm-Identifizierung (IOP (5)) Gew.-% der Analyse, Proben-Nr.
Addiere Gew.-% (Percw (L)) Berechne Percm (L) = Percw (L) / WTMOL (L)
Pm = Percm (L)
Σ ≤ 0
ja
STOP
nein
L 100 = FALSE
Drucke: chem. Analyse, Al₂O₃/SiO₂, FeO/Fe₂O₃, molekul. Äquivalentzahl (MOLAMTS) = Percm (L)
L 100 = TRUE
ja
nein
Verrechne Analyse auf 100%
SUM   = 100 / SUM
PERCW (L) = PERCW (L) ✳ SUM
PERCM (L) = PERCM (L) ✳ SUM
SUMM   = SUM
IOP (1) und IOP (5) = O
ja
nein
B
L 100 = TRUE
Drucke: „Normierte Oxidgewichte und MOLAMTS"

A9

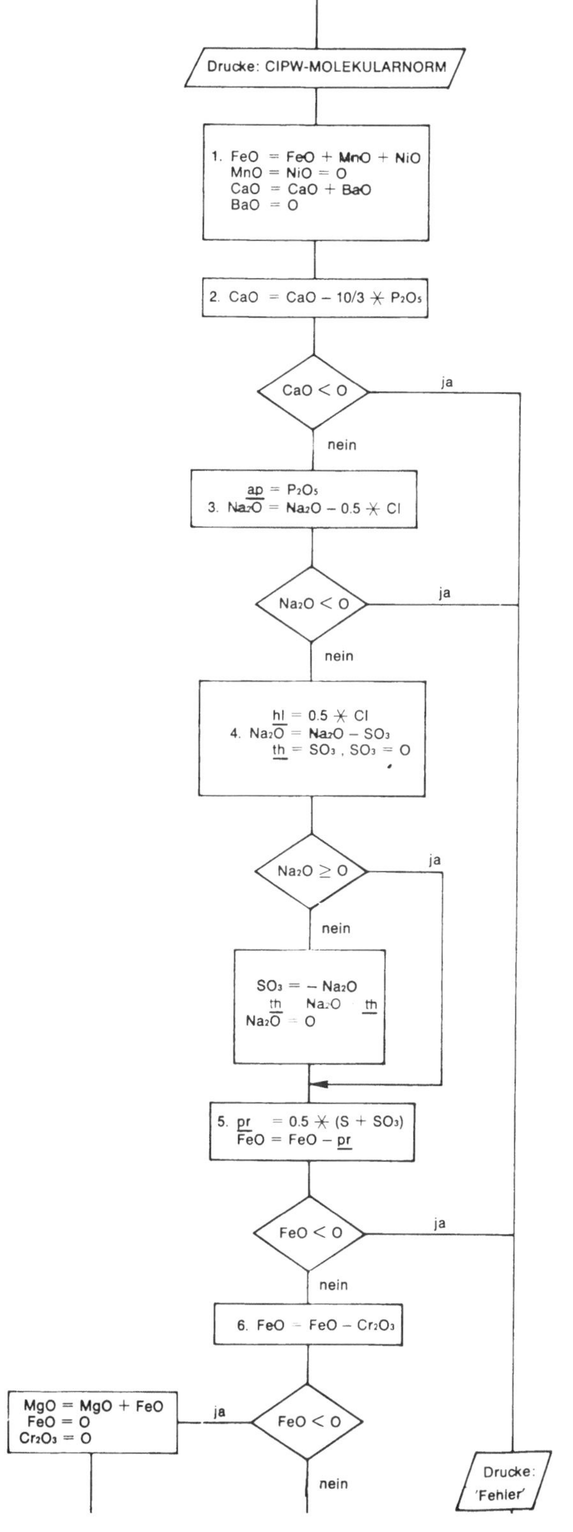

Drucke: CIPW-MOLEKULARNORM
1. FeO = FeO + MnO + NiO
MnO = NiO = O
CaO = CaO + BaO
BaO = O
2. CaO = CaO − 10/3 ✳ P₂O₅
CaO < O
ja
nein
ap = P₂O₅
3. Na₂O = Na₂O − 0.5 ✳ Cl
Na₂O < O
ja
nein
hl = 0.5 ✳ Cl
4. Na₂O = Na₂O − SO₃
th = SO₃ , SO₃ = O
Na₂O ≥ O
ja
nein
SO₃ = − Na₂O
th   Na₂O   th
Na₂O = O
5. pr = 0.5 ✳ (S + SO₃)
FeO = FeO − pr
FeO < O
ja
nein
6. FeO = FeO − Cr₂O₃
MgO = MgO + FeO
FeO = O
Cr₂O₃ = O
ja
FeO < O
nein
Drucke:
'Fehler'
A 10

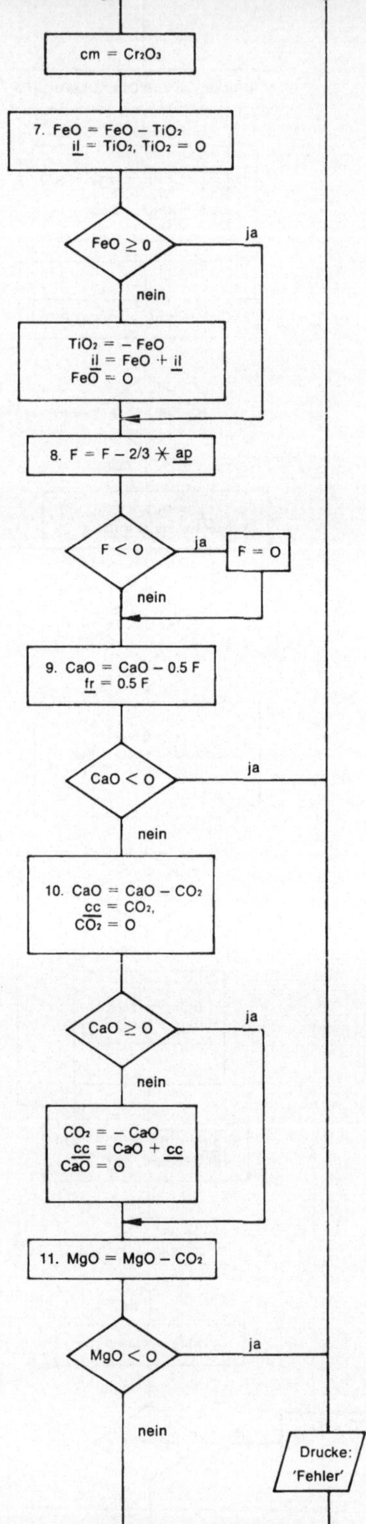

cm = Cr₂O₃
7. FeO = FeO − TiO₂
il = TiO₂, TiO₂ = O
FeO ≥ O
ja
nein
TiO₂ = − FeO
il = FeO + il
FeO = O
8. F = F − 2/3 ✳ ap
F < O
ja
F = O
nein
9. CaO = CaO − 0.5 F
fr = 0.5 F
CaO < O
ja
nein
10. CaO = CaO − CO₂
cc = CO₂,
CO₂ = O
CaO ≥ O
ja
nein
CO₂ = − CaO
cc = CaO + cc
CaO = O
11. MgO = MgO − CO₂
MgO < O
ja
nein
Drucke:
'Fehler'

A 11

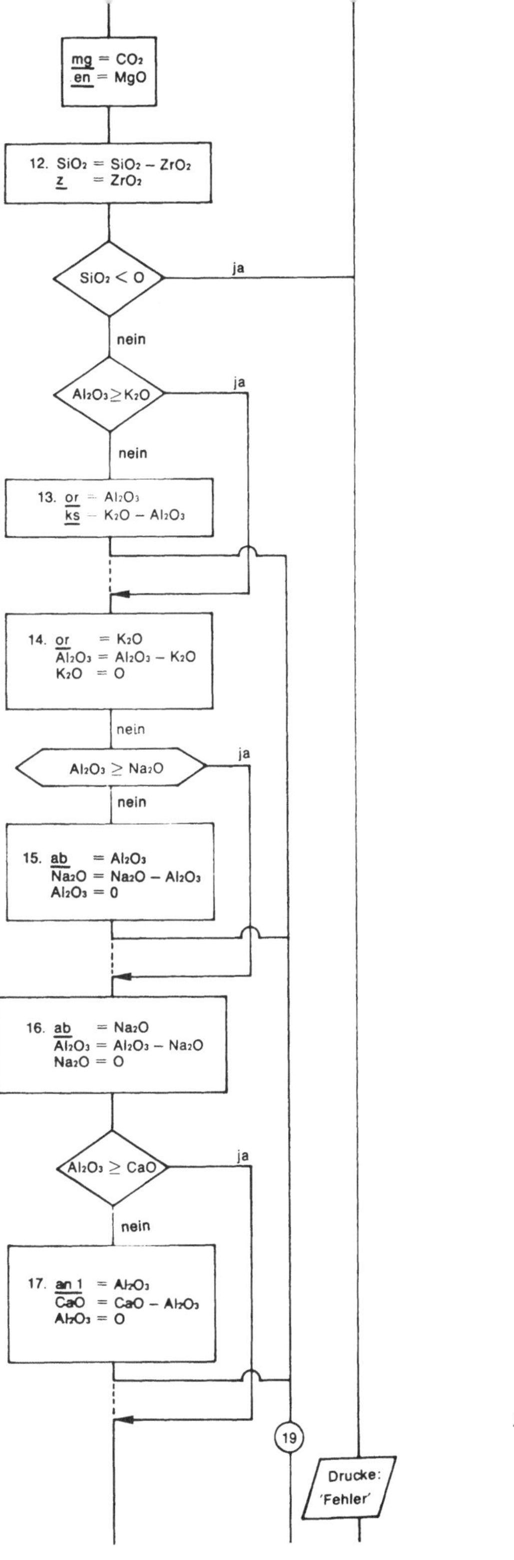

mg = CO2
en = MgO

12. SiO2 = SiO2 − ZrO2
z = ZrO2

SiO2 < O
ja
nein

Al2O3 ≥ K2O
ja
nein

13. or = Al2O3
ks = K2O − Al2O3

14. or = K2O
Al2O3 = Al2O3 − K2O
K2O = O

nein

Al2O3 ≥ Na2O
ja
nein

15. ab = Al2O3
Na2O = Na2O − Al2O3
Al2O3 = 0

16. ab = Na2O
Al2O3 = Al2O3 − Na2O
Na2O = O

Al2O3 ≥ CaO
ja
nein

17. an 1 = Al2O3
CaO = CaO − Al2O3
Al2O3 = O

19

Drucke:
'Fehler'

A 12

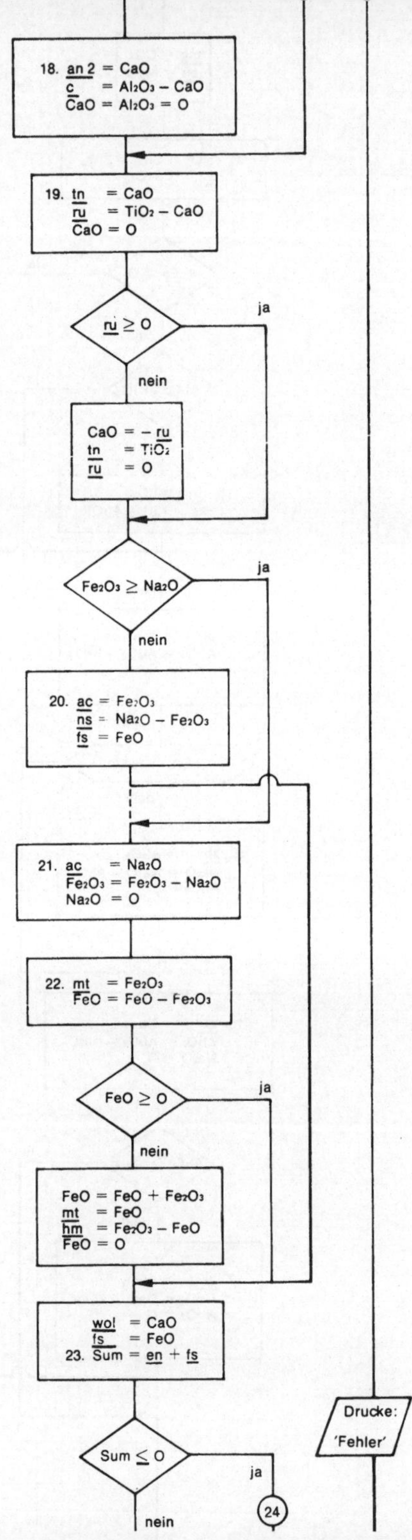

18. an 2 = CaO
c = Al₂O₃ − CaO
CaO = Al₂O₃ = O
19. tn = CaO
ru = TiO₂ − CaO
CaO = O
ru ≥ O
ja
nein
CaO = − ru
tn = TiO₂
ru = O
Fe₂O₃ ≥ Na₂O
ja
nein
20. ac = Fe₂O₃
ns = Na₂O − Fe₂O₃
fs = FeO
21. ac = Na₂O
Fe₂O₃ = Fe₂O₃ − Na₂O
Na₂O = O
22. mt = Fe₂O₃
FeO = FeO − Fe₂O₃
FeO ≥ O
ja
nein
FeO = FeO + Fe₂O₃
mt = FeO
hm = Fe₂O₃ − FeO
FeO = O
wol = CaO
fs = FeO
23. Sum = en + fs
Sum ≤ O
ja
nein
24
Drucke:
'Fehler'

A 13

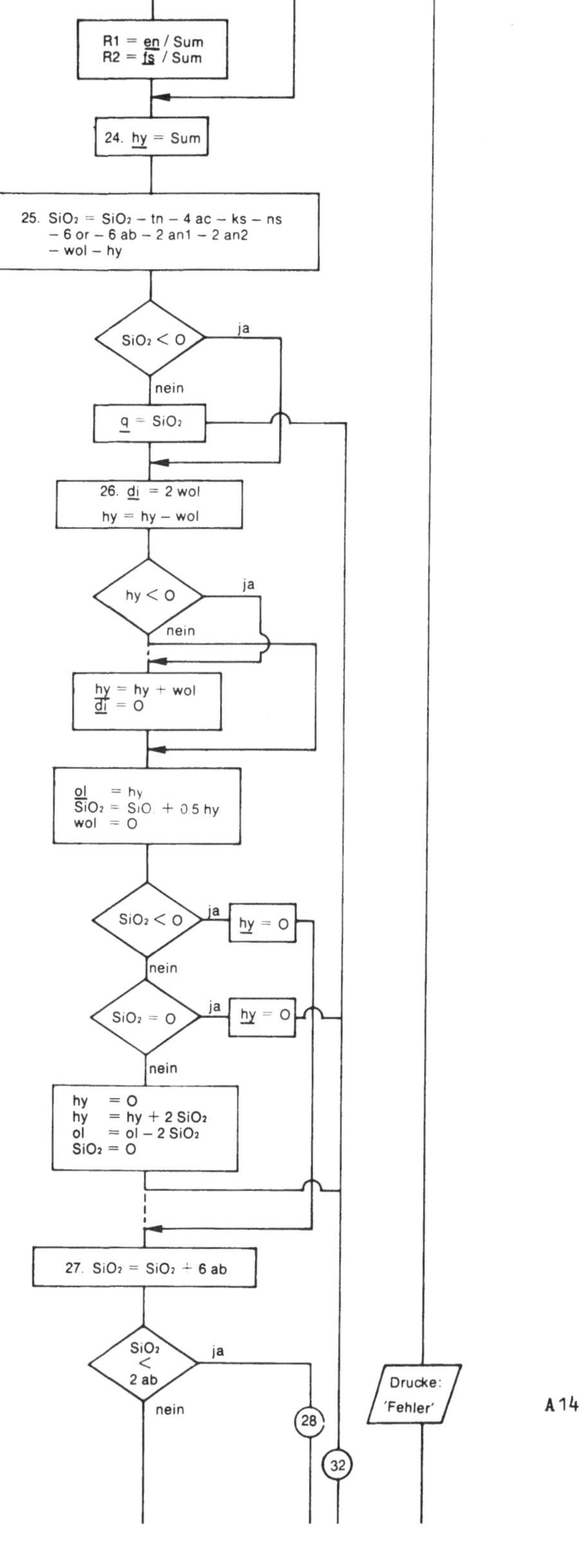

R1 = en / Sum
R2 = fs / Sum
24. hy = Sum
25. SiO2 = SiO2 − tn − 4 ac − ks − ns
− 6 or − 6 ab − 2 an1 − 2 an2
− wol − hy
SiO2 < O
ja
nein
q = SiO2
26. di = 2 wol
hy = hy − wol
hy < O
ja
nein
hy = hy + wol
di = O
ol = hy
SiO2 = SiO. + 0.5 hy
wol = O
SiO2 < O
ja
hy = O
nein
SiO2 = O
ja
hy = O
nein
hy = O
hy = hy + 2 SiO2
ol = ol − 2 SiO2
SiO2 = O
27. SiO2 = SiO2 + 6 ab
SiO2
<
2 ab
ja
nein
28
32
Drucke:
'Fehler'
A 14

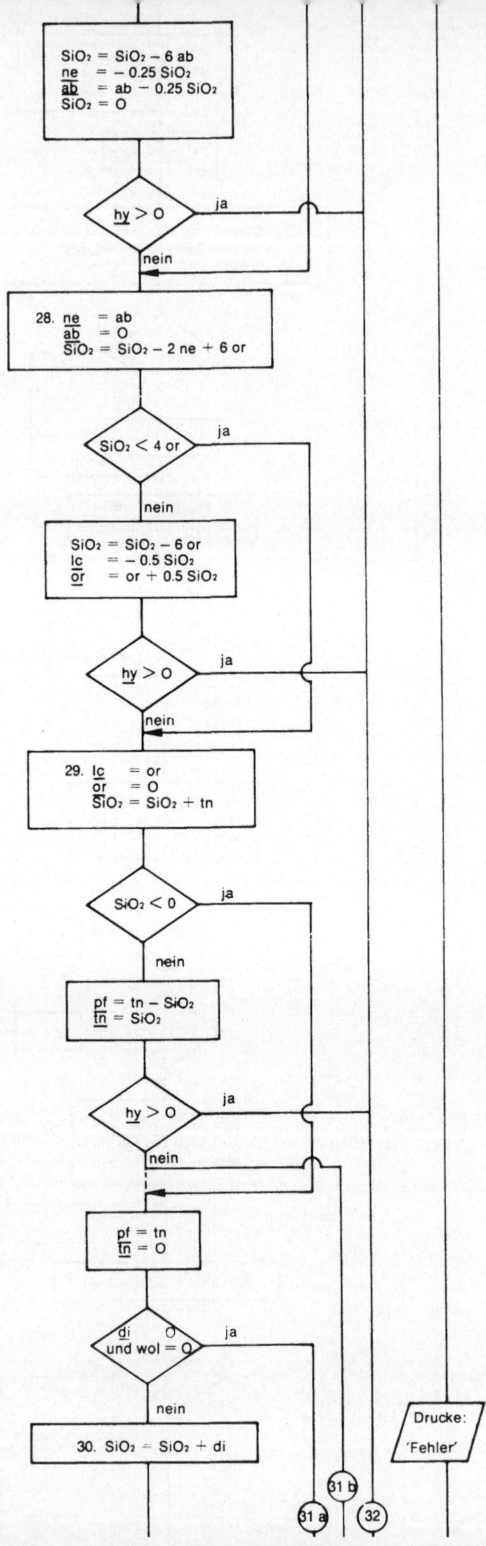

SiO₂ = SiO₂ − 6 ab
ne = − 0.25 SiO₂
ab = ab − 0.25 SiO₂
SiO₂ = O
hy > O
ja
nein
28. ne = ab
ab = O
SiO₂ = SiO₂ − 2 ne + 6 or
SiO₂ < 4 or
ja
nein
SiO₂ = SiO₂ − 6 or
lc = − 0.5 SiO₂
or = or + 0.5 SiO₂
hy > O
ja
nein
29. lc = or
or = O
SiO₂ = SiO₂ + tn
SiO₂ < 0
ja
nein
pf = tn − SiO₂
tn = SiO₂
hy > O
ja
nein
pf = tn
tn = O
di   O
und wol = O
ja
nein
30. SiO₂ = SiO₂ + di
31 a
31 b
32
Drucke:
'Fehler'
A 15

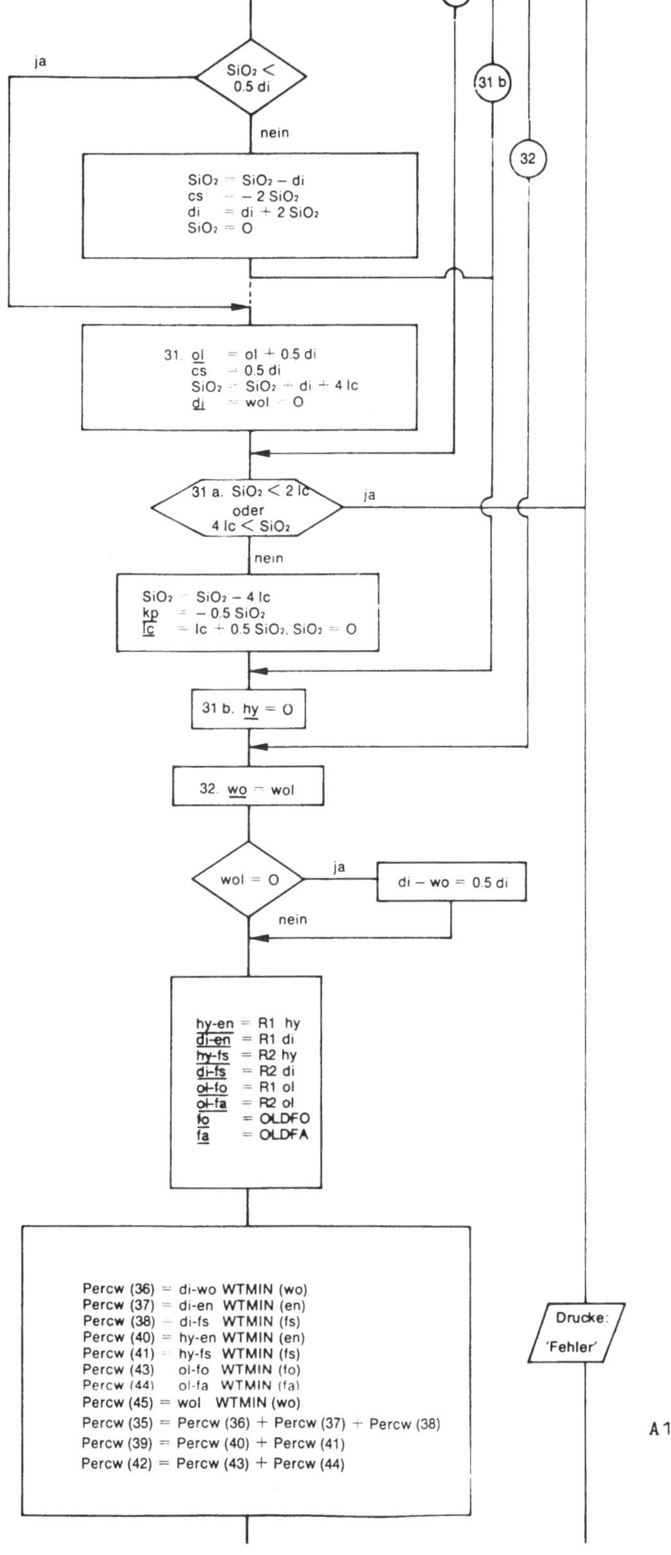

ja
SiO₂ < 0.5 di
nein
SiO₂ = SiO₂ − di
cs = − 2 SiO₂
di = di + 2 SiO₂
SiO₂ = O
31. ol = ol + 0.5 di
cs = 0.5 di
SiO₂ = SiO₂ − di + 4 lc
di = wol = O
31 a. SiO₂ < 2 lc
oder
4 lc < SiO₂
ja
nein
SiO₂ = SiO₂ − 4 lc
kp = − 0.5 SiO₂
lc = lc + 0.5 SiO₂, SiO₂ = O
31 b. hy = O
32. wo = wol
wol = O
ja
nein
di − wo = 0.5 di
hy-en = R1 hy
di-en = R1 di
hy-fs = R2 hy
di-fs = R2 di
ol-fo = R1 ol
ol-fa = R2 ol
fo = OLDFO
fa = OLDFA
Percw (36) = di-wo WTMIN (wo)
Percw (37) = di-en WTMIN (en)
Percw (38) = di-fs WTMIN (fs)
Percw (40) = hy-en WTMIN (en)
Percw (41) = hy-fs WTMIN (fs)
Percw (43) = ol-fo WTMIN (fo)
Percw (44) = ol-fa WTMIN (fa)
Percw (45) = wol WTMIN (wo)
Percw (35) = Percw (36) + Percw (37) + Percw (38)
Percw (39) = Percw (40) + Percw (41)
Percw (42) = Percw (43) + Percw (44)
31 b
32
Drucke:
'Fehler'
A 16

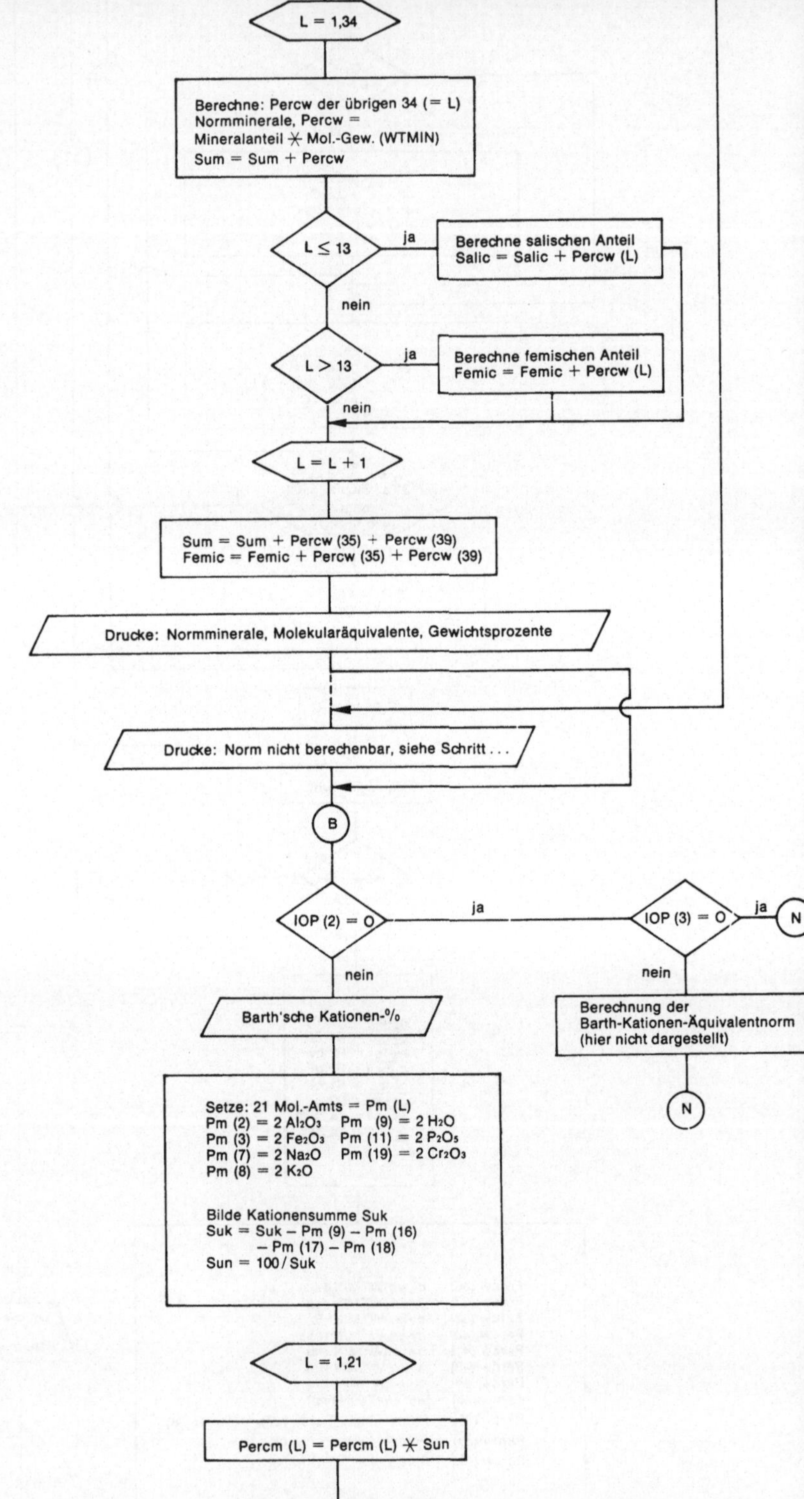

L = 1,34

Berechne: Percw der übrigen 34 (= L)
Normminerale, Percw =
Mineralanteil ✳ Mol.-Gew. (WTMIN)
Sum = Sum + Percw

L ≤ 13
ja
Berechne salischen Anteil
Salic = Salic + Percw (L)
nein

L > 13
ja
Berechne femischen Anteil
Femic = Femic + Percw (L)
nein

L = L + 1

Sum = Sum + Percw (35) + Percw (39)
Femic = Femic + Percw (35) + Percw (39)

Drucke: Normminerale, Molekularäquivalente, Gewichtsprozente

Drucke: Norm nicht berechenbar, siehe Schritt . . .

B

IOP (2) = O
ja
IOP (3) = O
ja
N
nein
nein

Barth'sche Kationen-%

Berechnung der
Barth-Kationen-Äquivalentnorm
(hier nicht dargestellt)

N

Setze: 21 Mol.-Amts = Pm (L)
Pm (2) = 2 Al₂O₃   Pm (9) = 2 H₂O
Pm (3) = 2 Fe₂O₃   Pm (11) = 2 P₂O₅
Pm (7) = 2 Na₂O   Pm (19) = 2 Cr₂O₃
Pm (8) = 2 K₂O

Bilde Kationensumme Suk
Suk = Suk − Pm (9) − Pm (16)
        − Pm (17) − Pm (18)
Sun = 100 / Suk

L = 1,21

Percm (L) = Percm (L) ✳ Sun

A 17

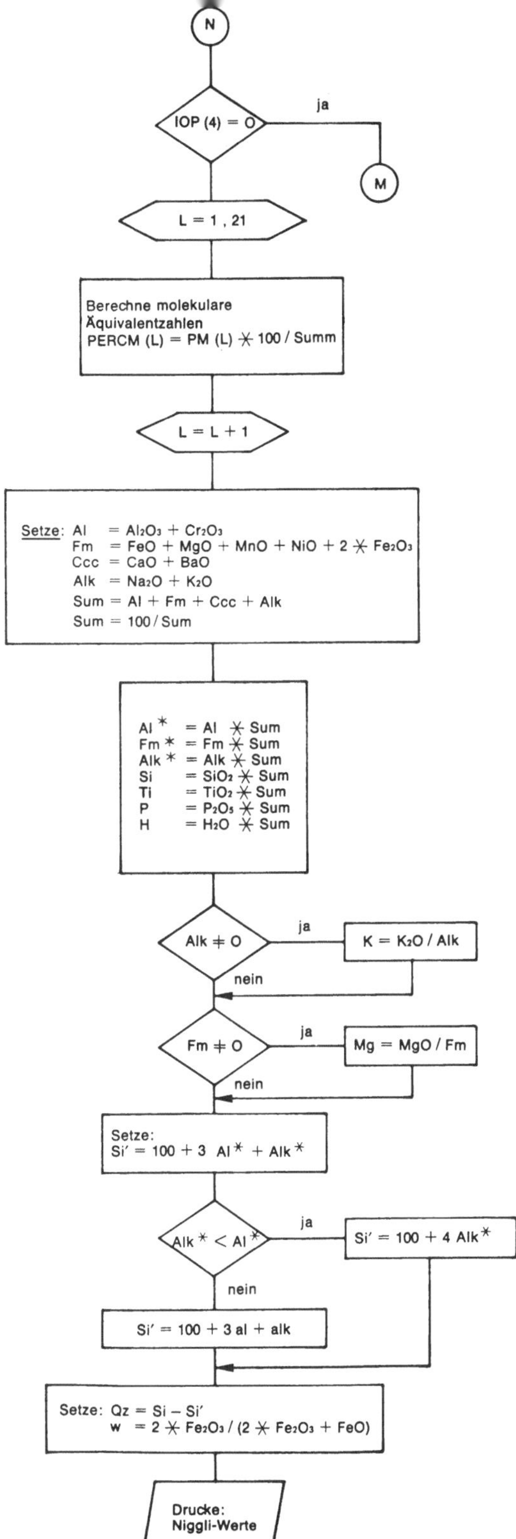

N
IOP (4) = O
ja
M
L = 1 , 21
Berechne molekulare
Äquivalentzahlen
PERCM (L) = PM (L) * 100 / Summ
L = L + 1
Setze: Al = Al₂O₃ + Cr₂O₃
Fm = FeO + MgO + MnO + NiO + 2 * Fe₂O₃
Ccc = CaO + BaO
Alk = Na₂O + K₂O
Sum = Al + Fm + Ccc + Alk
Sum = 100 / Sum
Al * = Al * Sum
Fm * = Fm * Sum
Alk * = Alk * Sum
Si = SiO₂ * Sum
Ti = TiO₂ * Sum
P = P₂O₅ * Sum
H = H₂O * Sum
Alk ≠ O
ja
K = K₂O / Alk
nein
Fm ≠ O
ja
Mg = MgO / Fm
nein
Setze:
Si' = 100 + 3 Al * + Alk *
Alk * < Al *
ja
Si' = 100 + 4 Alk *
nein
Si' = 100 + 3 al + alk
Setze: Qz = Si − Si'
w = 2 * Fe₂O₃ / (2 * Fe₂O₃ + FeO)
Drucke:
Niggli-Werte

A 19

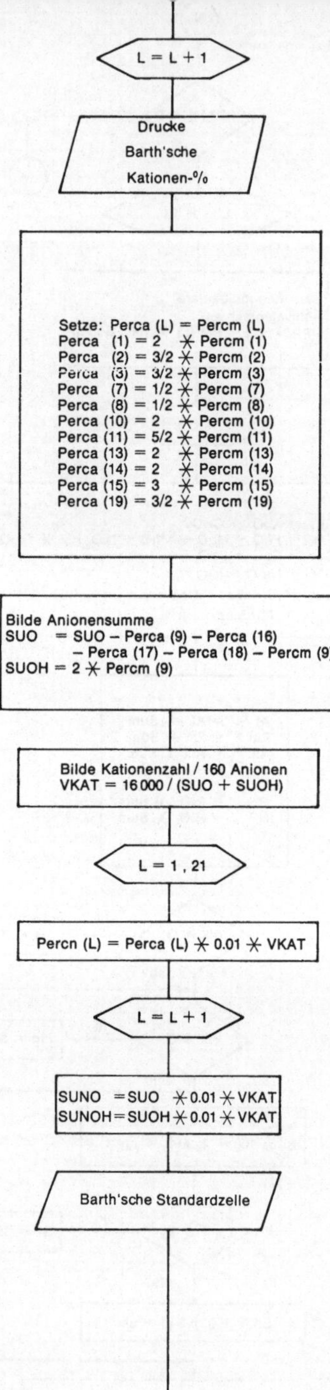

L = L + 1

Drucke
Barth'sche
Kationen-%

Setze: Perca (L) = Percm (L)
Perca (1) = 2   * Percm (1)
Perca (2) = 3/2 * Percm (2)
Perca (3) = 3/2 * Percm (3)
Perca (7) = 1/2 * Percm (7)
Perca (8) = 1/2 * Percm (8)
Perca (10) = 2   * Percm (10)
Perca (11) = 5/2 * Percm (11)
Perca (13) = 2   * Percm (13)
Perca (14) = 2   * Percm (14)
Perca (15) = 3   * Percm (15)
Perca (19) = 3/2 * Percm (19)

Bilde Anionensumme
SUO   = SUO − Perca (9) − Perca (16)
        − Perca (17) − Perca (18) − Percm (9)
SUOH = 2 * Percm (9)

Bilde Kationenzahl / 160 Anionen
VKAT = 16 000 / (SUO + SUOH)

L = 1 , 21

Percn (L) = Perca (L) * 0.01 * VKAT

L = L + 1

SUNO = SUO * 0.01 * VKAT
SUNOH = SUOH * 0.01 * VKAT

Barth'sche Standardzelle

A 18

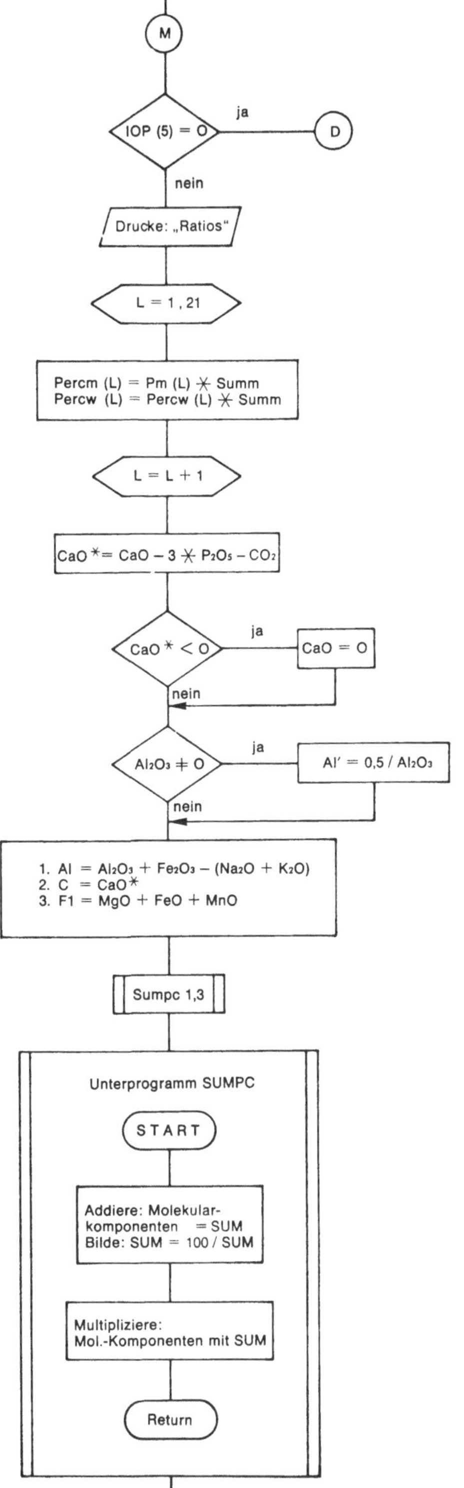

M
IOP (5) = O
ja
D
nein
Drucke: „Ratios"
L = 1 , 21
Percm (L) = Pm (L) * Summ
Percw (L) = Percw (L) * Summ
L = L + 1
CaO * = CaO − 3 * P₂O₅ − CO₂
CaO * < O
ja
CaO = O
nein
Al₂O₃ ⧧ O
ja
Al' = 0,5 / Al₂O₃
nein
1. Al = Al₂O₃ + Fe₂O₃ − (Na₂O + K₂O)
2. C = CaO *
3. F1 = MgO + FeO + MnO
Sumpc 1,3
Unterprogramm SUMPC
START
Addiere: Molekular-
komponenten = SUM
Bilde: SUM = 100 / SUM
Multipliziere:
Mol.-Komponenten mit SUM
Return

A 20

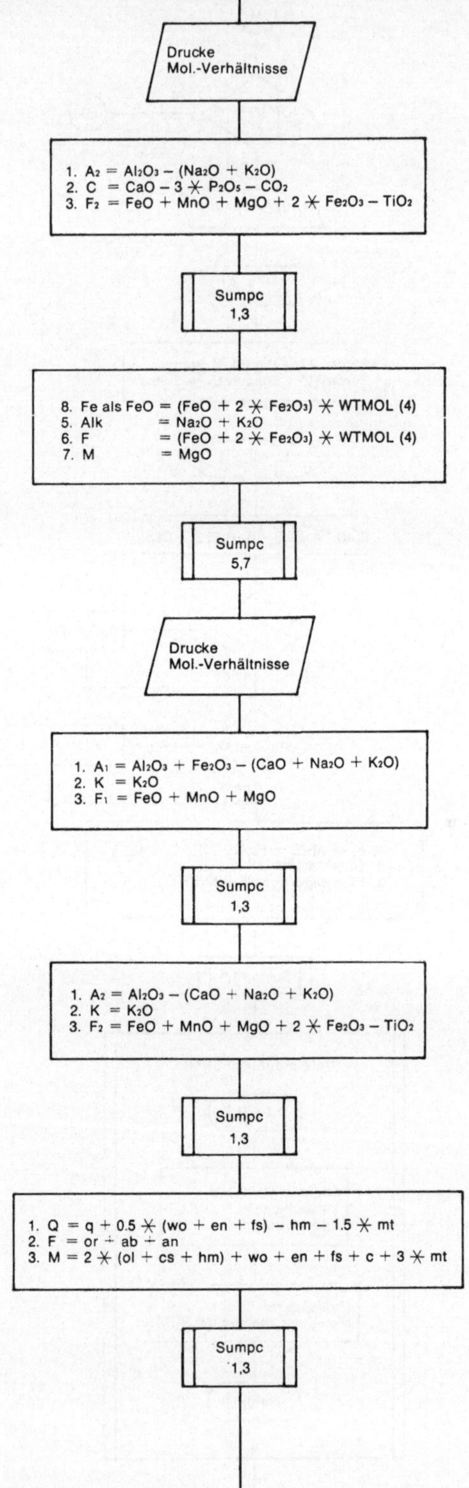

Drucke
Mol.-Verhältnisse

1. A₂ = Al₂O₃ − (Na₂O + K₂O)
2. C = CaO − 3 ✳ P₂O₅ − CO₂
3. F₂ = FeO + MnO + MgO + 2 ✳ Fe₂O₃ − TiO₂

Sumpc
1,3

8. Fe als FeO = (FeO + 2 ✳ Fe₂O₃) ✳ WTMOL (4)
5. Alk   = Na₂O + K₂O
6. F   = (FeO + 2 ✳ Fe₂O₃) ✳ WTMOL (4)
7. M   = MgO

Sumpc
5,7

Drucke
Mol.-Verhältnisse

1. A₁ = Al₂O₃ + Fe₂O₃ − (CaO + Na₂O + K₂O)
2. K = K₂O
3. F₁ = FeO + MnO + MgO

Sumpc
1,3

1. A₂ = Al₂O₃ − (CaO + Na₂O + K₂O)
2. K = K₂O
3. F₂ = FeO + MnO + MgO + 2 ✳ Fe₂O₃ − TiO₂

Sumpc
1,3

1. Q = q + 0.5 ✳ (wo + en + fs) − hm − 1.5 ✳ mt
2. F = or + ab + an
3. M = 2 ✳ (ol + cs + hm) + wo + en + fs + c + 3 ✳ mt

Sumpc
1,3

A21

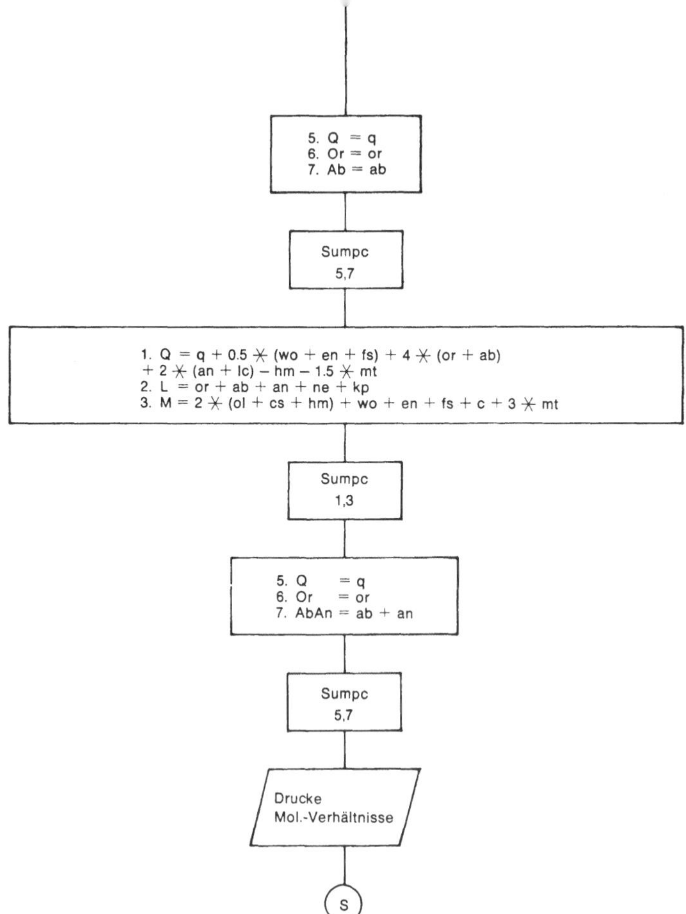

5. Q = q
6. Or = or
7. Ab = ab
Sumpc
5,7
1. Q = q + 0.5 * (wo + en + fs) + 4 * (or + ab)
+ 2 * (an + lc) − hm − 1.5 * mt
2. L = or + ab + an + ne + kp
3. M = 2 * (ol + cs + hm) + wo + en + fs + c + 3 * mt
Sumpc
1,3
5. Q = q
6. Or = or
7. AbAn = ab + an
Sumpc
5,7
Drucke
Mol.-Verhältnisse
S

II. **RITTMANN – NORM** „VULKANISCHE FAZIES"

A. Berechnung besonderer Normminerale
   sowie der gesättigten Normtypen I – V

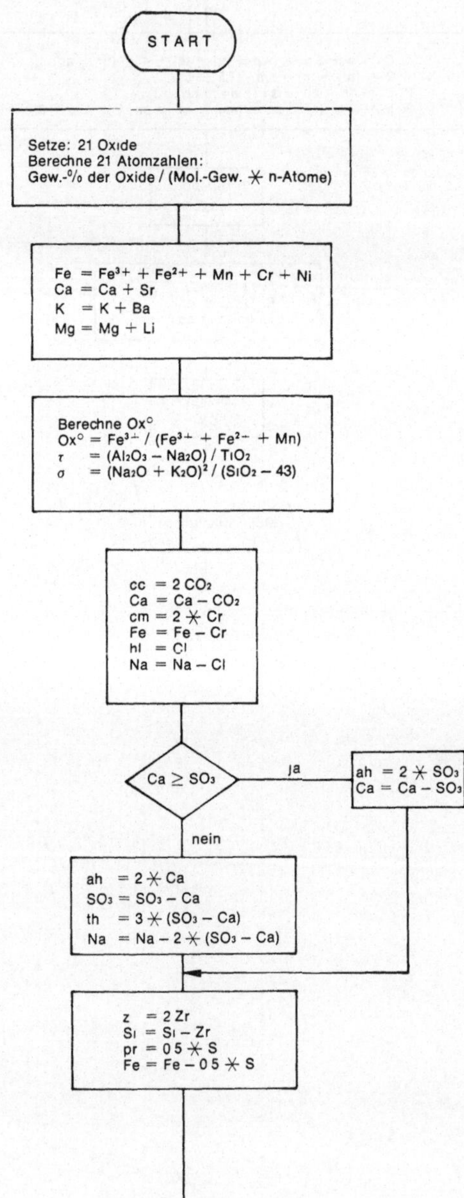

A23

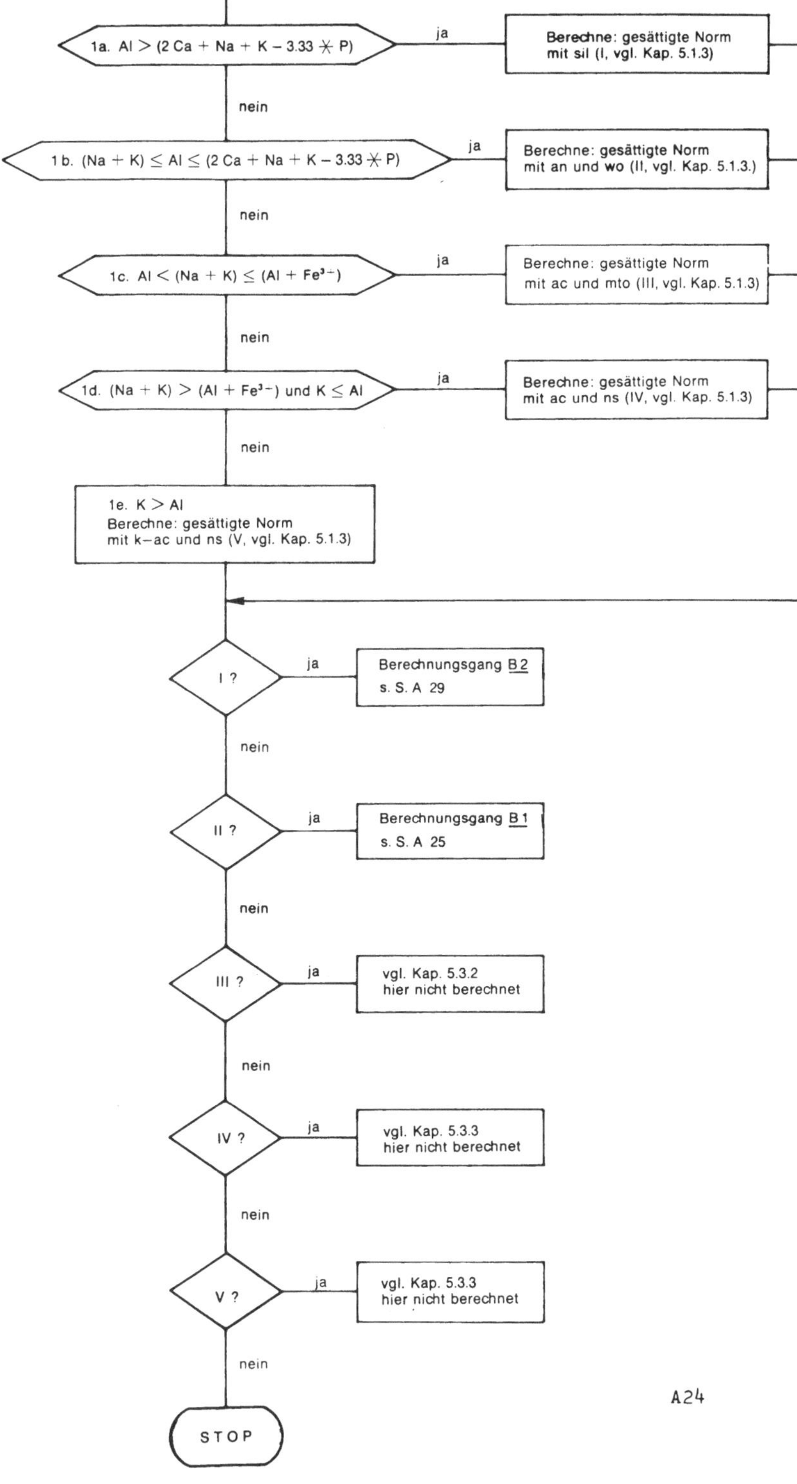

1a. Al > (2 Ca + Na + K − 3.33 ✕ P)
ja
Berechne: gesättigte Norm mit sil (I, vgl. Kap. 5.1.3)
nein
1b. (Na + K) ≤ Al ≤ (2 Ca + Na + K − 3.33 ✕ P)
ja
Berechne: gesättigte Norm mit an und wo (II, vgl. Kap. 5.1.3.)
nein
1c. Al < (Na + K) ≤ (Al + Fe³⁺)
ja
Berechne: gesättigte Norm mit ac und mto (III, vgl. Kap. 5.1.3)
nein
1d. (Na + K) > (Al + Fe³⁺) und K ≤ Al
ja
Berechne: gesättigte Norm mit ac und ns (IV, vgl. Kap. 5.1.3)
nein
1e. K > Al
Berechne: gesättigte Norm mit k−ac und ns (V, vgl. Kap. 5.1.3)
I ?
ja
Berechnungsgang B 2 s. S. A 29
nein
II ?
ja
Berechnungsgang B 1 s. S. A 25
nein
III ?
ja
vgl. Kap. 5.3.2 hier nicht berechnet
nein
IV ?
ja
vgl. Kap. 5.3.3 hier nicht berechnet
nein
V ?
ja
vgl. Kap. 5.3.3 hier nicht berechnet
nein
STOP
A 24

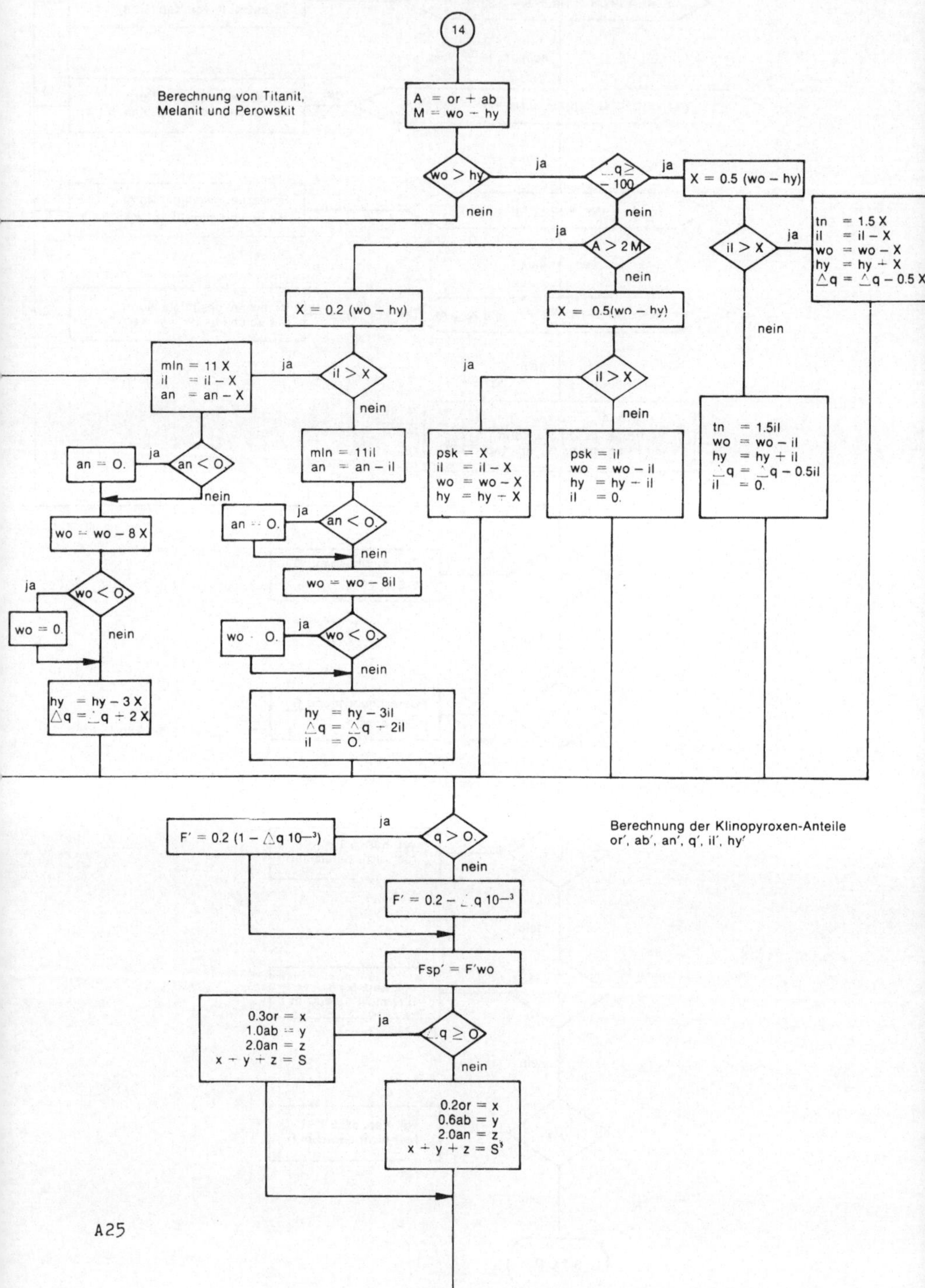
14
A = or + ab
M = wo − hy
Berechnung von Titanit, Melanit und Perowskit
wo > hy
ja
q ≥ − 100
ja
X = 0.5 (wo − hy)
nein
nein
A > 2 M
ja
il > X
ja
tn = 1.5 X
il = il − X
wo = wo − X
hy = hy + X
△q = △q − 0.5 X
nein
nein
X = 0.2 (wo − hy)
X = 0.5 (wo − hy)
mln = 11 X
il = il − X
an = an − X
ja
il > X
ja
il > X
nein
nein
nein
an = O.
ja
an < O.
mln = 11 il
an = an − il
psk = X
il = il − X
wo = wo − X
hy = hy + X
psk = il
wo = wo − il
hy = hy − il
il = O.
tn = 1.5 il
wo = wo − il
hy = hy + il
△q = △q − 0.5 il
il = O.
nein
wo = wo − 8 X
an = O.
ja
an < O.
nein
ja
wo < O.
wo = wo − 8 il
wo = 0.
nein
wo = O.
ja
wo < O.
nein
hy = hy − 3 X
△q = △q + 2 X
hy = hy − 3 il
△q = △q + 2 il
il = O.
F′ = 0.2 (1 − △q 10⁻³)
ja
q > O.
Berechnung der Klinopyroxen-Anteile or′, ab′, an′, q′, il′, hy′
nein
F′ = 0.2 − △q 10⁻³
Fsp′ = F′ wo
0.3or = x
1.0ab = y
2.0an = z
x + y + z = S
ja
△q ≥ O
nein
0.2or = x
0.6ab = y
2.0an = z
x + y + z = S′

A25

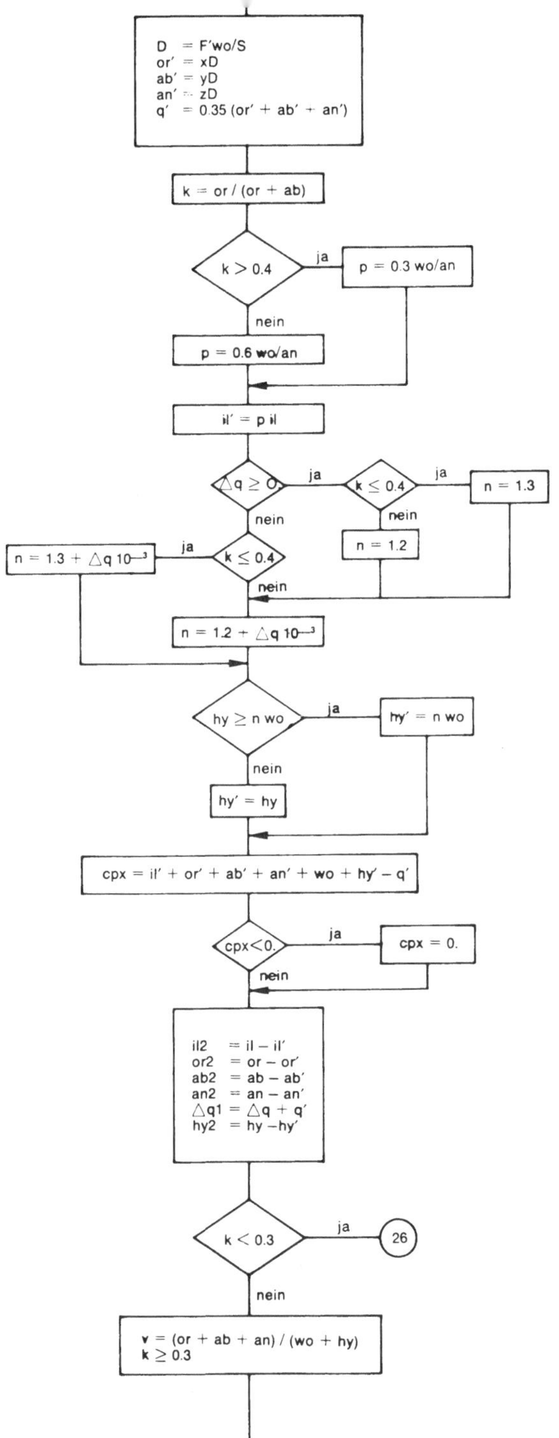

D = F'wo/S
or' = xD
ab' = yD
an' = zD
q' = 0.35 (or' + ab' + an')
k = or / (or + ab)
k > 0.4
ja
p = 0.3 wo/an
nein
p = 0.6 wo/an
il' = p il
△q ≥ 0.
ja
k ≤ 0.4
ja
n = 1.3
nein
n = 1.2
nein
ja
n = 1.3 + △q 10⁻³
k ≤ 0.4
nein
n = 1.2 + △q 10⁻³
hy ≥ n wo
ja
hy' = n wo
nein
hy' = hy
cpx = il' + or' + ab' + an' + wo + hy' − q'
cpx < 0.
ja
cpx = 0.
nein
il2 = il − il'
or2 = or − or'
ab2 = ab − ab'
an2 = an − an'
△q1 = △q + q'
hy2 = hy − hy'
k < 0.3
ja
26
nein
v = (or + ab + an) / (wo + hy)
k ≥ 0.3

A26

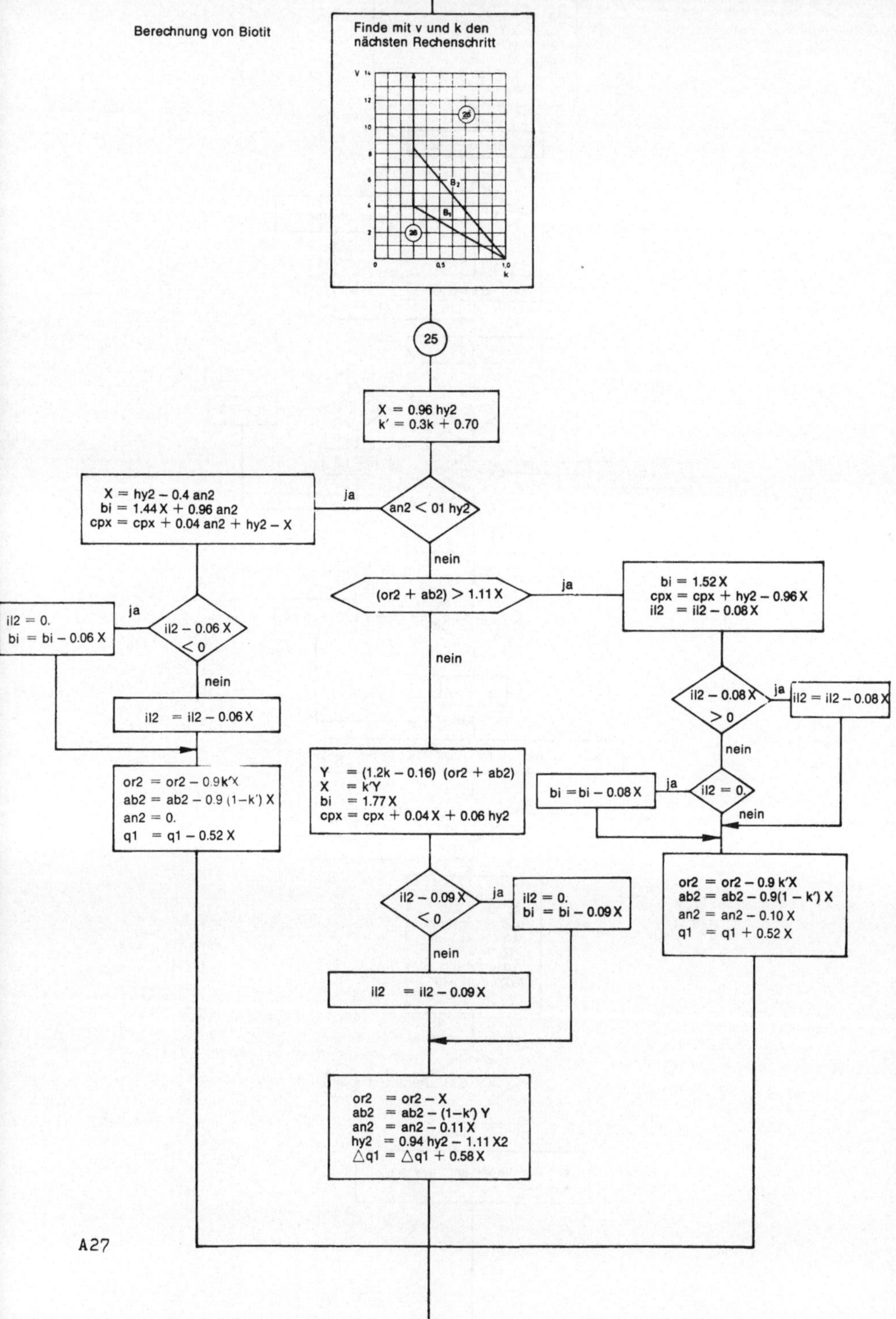

Berechnung von Biotit
Finde mit v und k den nächsten Rechenschritt
v
14
12
10
8
6
4
2
B₂
B₁
26
26
25
0   0,5   1,0   k
X = 0.96 hy2
k' = 0.3k + 0.70
an2 < 01 hy2
ja
X = hy2 − 0.4 an2
bi = 1.44 X + 0.96 an2
cpx = cpx + 0.04 an2 + hy2 − X
nein
(or2 + ab2) > 1.11 X
ja
bi = 1.52 X
cpx = cpx + hy2 − 0.96 X
il2 = il2 − 0.08 X
nein
il2 − 0.06 X < 0
ja
il2 = 0.
bi = bi − 0.06 X
nein
il2 = il2 − 0.06 X
or2 = or2 − 0.9 k'X
ab2 = ab2 − 0.9 (1−k') X
an2 = 0.
q1 = q1 − 0.52 X
Y = (1.2k − 0.16) (or2 + ab2)
X = k'Y
bi = 1.77 X
cpx = cpx + 0.04 X + 0.06 hy2
il2 − 0.08 X > 0
ja
il2 = il2 − 0.08 X
nein
il2 = 0.
ja
bi = bi − 0.08 X
nein
or2 = or2 − 0.9 k'X
ab2 = ab2 − 0.9(1 − k') X
an2 = an2 − 0.10 X
q1 = q1 + 0.52 X
il2 − 0.09 X < 0
ja
il2 = 0.
bi = bi − 0.09 X
nein
il2 = il2 − 0.09 X
or2 = or2 − X
ab2 = ab2 − (1−k') Y
an2 = an2 − 0.11 X
hy2 = 0.94 hy2 − 1.11 X2
△q1 = △q1 + 0.58 X
A27

Berechnung von Sodalith,
Hauyn, Nosean
sowie Quarz und Hypersthen
oder Hypersthen und Olivin

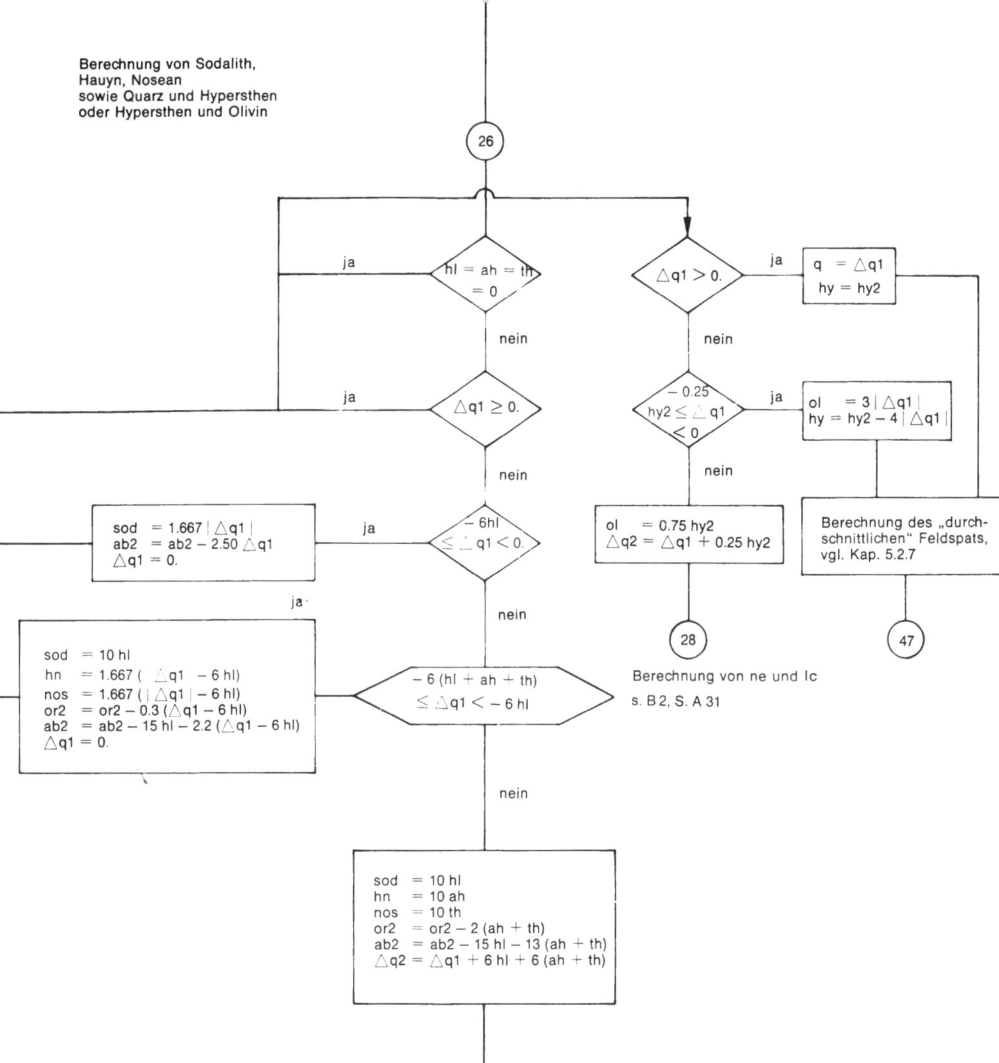

Berechnung von ne und lc
s. B 2, S. A 31

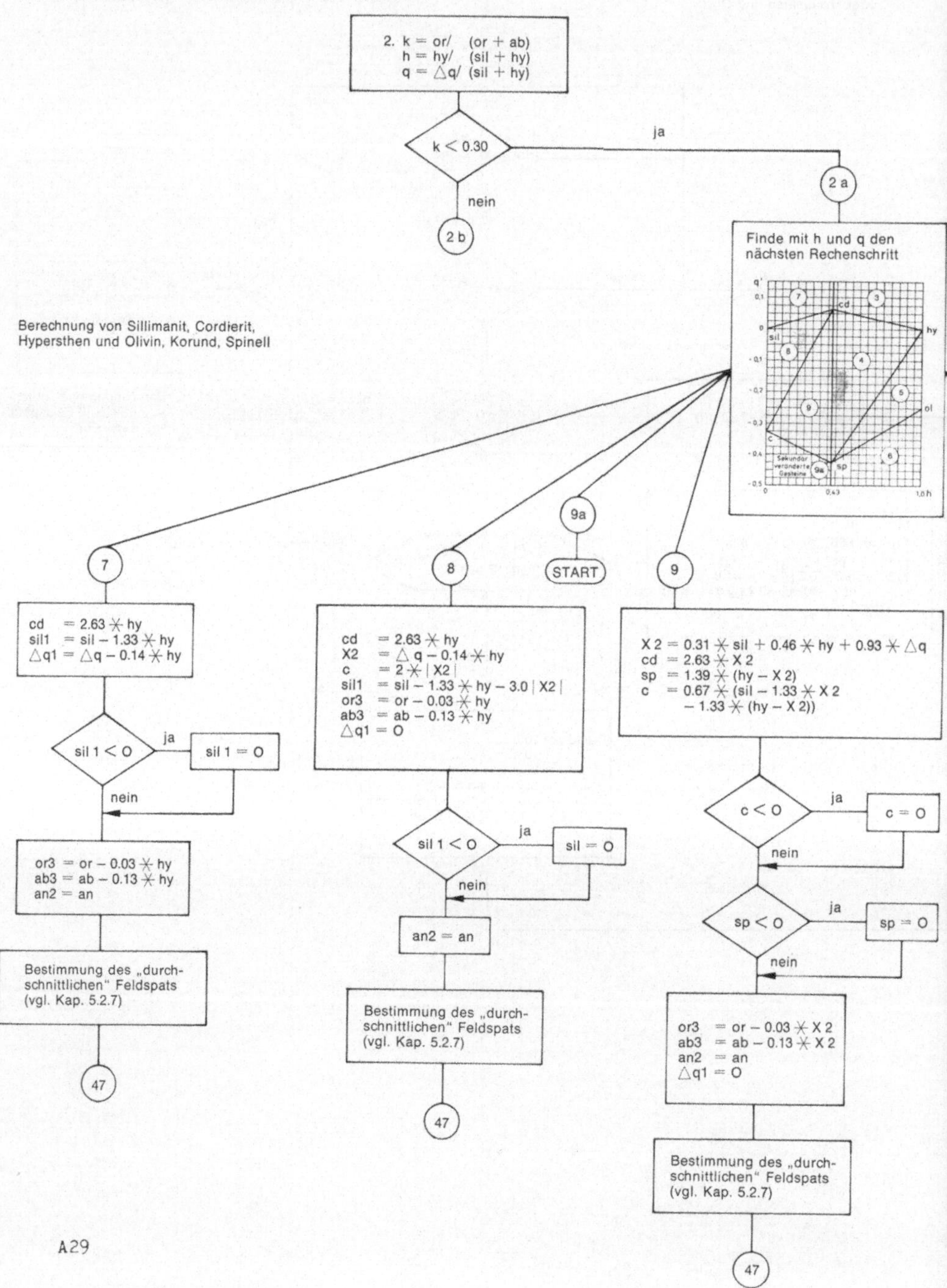
2. k = or/ (or + ab)
h = hy/ (sil + hy)
q = △q/ (sil + hy)
k < 0.30
ja
nein
2 a
2 b
Berechnung von Sillimanit, Cordierit,
Hypersthen und Olivin, Korund, Spinell
Finde mit h und q den nächsten Rechenschritt
q'
sil
cd
hy
ol
c
sp
Sekundär veränderte Gesteine
h
7
8
9a
START
9
cd = 2.63 ✳ hy
sil1 = sil − 1.33 ✳ hy
△q1 = △q − 0.14 ✳ hy
sil 1 < O
ja
sil 1 = O
nein
or3 = or − 0.03 ✳ hy
ab3 = ab − 0.13 ✳ hy
an2 = an
Bestimmung des „durchschnittlichen" Feldspats
(vgl. Kap. 5.2.7)
47
cd = 2.63 ✳ hy
X2 = △q − 0.14 ✳ hy
c = 2 ✳ | X2 |
sil1 = sil − 1.33 ✳ hy − 3.0 | X2 |
or3 = or − 0.03 ✳ hy
ab3 = ab − 0.13 ✳ hy
△q1 = O
sil 1 < O
ja
sil = O
nein
an2 = an
Bestimmung des „durchschnittlichen" Feldspats
(vgl. Kap. 5.2.7)
47
X 2 = 0.31 ✳ sil + 0.46 ✳ hy + 0.93 ✳ △q
cd = 2.63 ✳ X 2
sp = 1.39 ✳ (hy − X 2)
c = 0.67 ✳ (sil − 1.33 ✳ X 2 − 1.33 ✳ (hy − X 2))
c < O
ja
c = O
nein
sp < O
ja
sp = O
nein
or3 = or − 0.03 ✳ X 2
ab3 = ab − 0.13 ✳ X 2
an2 = an
△q1 = O
Bestimmung des „durchschnittlichen" Feldspats
(vgl. Kap. 5.2.7)
47

A 29

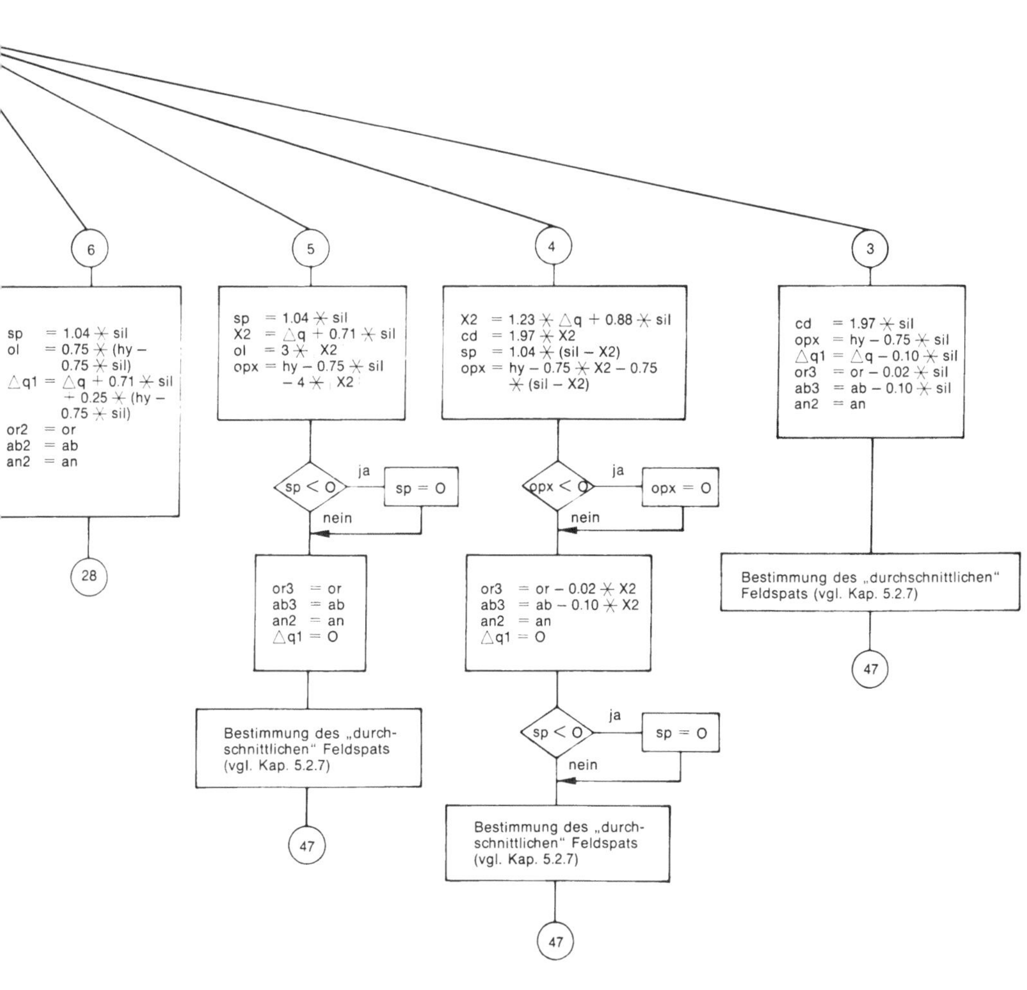
6
5
4
3

sp   = 1.04 ✳ sil
ol   = 0.75 ✳ (hy −
        0.75 ✳ sil)
△q1 = △q + 0.71 ✳ sil
        + 0.25 ✳ (hy −
        0.75 ✳ sil)
or2 = or
ab2 = ab
an2 = an

28

sp   = 1.04 ✳ sil
X2   = △q + 0.71 ✳ sil
ol   = 3 ✳ X2
opx = hy − 0.75 ✳ sil
        − 4 ✳ X2

X2   = 1.23 ✳ △q + 0.88 ✳ sil
cd   = 1.97 ✳ X2
sp   = 1.04 ✳ (sil − X2)
opx = hy − 0.75 ✳ X2 − 0.75
        ✳ (sil − X2)

cd   = 1.97 ✳ sil
opx = hy − 0.75 ✳ sil
△q1 = △q − 0.10 ✳ sil
or3 = or − 0.02 ✳ sil
ab3 = ab − 0.10 ✳ sil
an2 = an

sp < O   ja   sp = O
nein

opx < O   ja   opx = O
nein

Bestimmung des „durchschnittlichen"
Feldspats (vgl. Kap. 5.2.7)

47

or3 = or
ab3 = ab
an2 = an
△q1 = O

or3 = or − 0.02 ✳ X2
ab3 = ab − 0.10 ✳ X2
an2 = an
△q1 = O

Bestimmung des „durch-
schnittlichen" Feldspats
(vgl. Kap. 5.2.7)

47

sp < O   ja   sp = O
nein

Bestimmung des „durch-
schnittlichen" Feldspats
(vgl. Kap. 5.2.7)

47

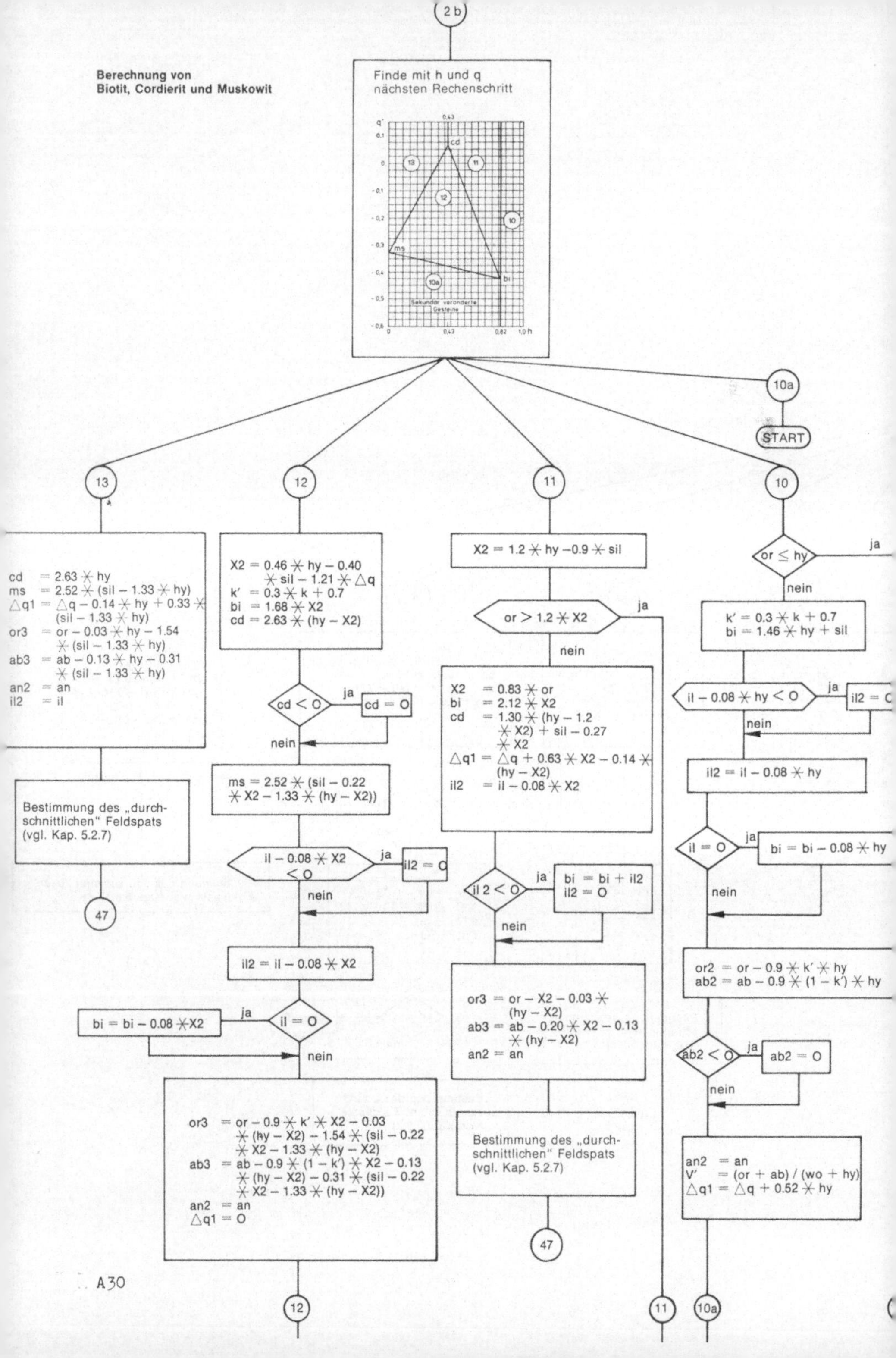
2 b
Berechnung von
Biotit, Cordierit und Muskowit
Finde mit h und q
nächsten Rechenschritt
13
11
10a
START
13
12
11
10
cd = 2.63 ✳ hy
ms = 2.52 ✳ (sil − 1.33 ✳ hy)
△q1 = △q − 0.14 ✳ hy + 0.33 ✳ (sil − 1.33 ✳ hy)
or3 = or − 0.03 ✳ hy − 1.54 ✳ (sil − 1.33 ✳ hy)
ab3 = ab − 0.13 ✳ hy − 0.31 ✳ (sil − 1.33 ✳ hy)
an2 = an
il2 = il
X2 = 0.46 ✳ hy − 0.40 ✳ sil − 1.21 ✳ △q
k' = 0.3 ✳ k + 0.7
bi = 1.68 ✳ X2
cd = 2.63 ✳ (hy − X2)
X2 = 1.2 ✳ hy − 0.9 ✳ sil
or ≤ hy
ja
nein
k' = 0.3 ✳ k + 0.7
bi = 1.46 ✳ hy + sil
cd < O
ja
cd = O
nein
or > 1.2 ✳ X2
ja
nein
X2 = 0.83 ✳ or
bi = 2.12 ✳ X2
cd = 1.30 ✳ (hy − 1.2 ✳ X2) + sil − 0.27 ✳ X2
△q1 = △q + 0.63 ✳ X2 − 0.14 ✳ (hy − X2)
il2 = il − 0.08 ✳ X2
il − 0.08 ✳ hy < O
ja
il2 = O
nein
il2 = il − 0.08 ✳ hy
Bestimmung des „durch-schnittlichen" Feldspats (vgl. Kap. 5.2.7)
ms = 2.52 ✳ (sil − 0.22 ✳ X2 − 1.33 ✳ (hy − X2))
il − 0.08 ✳ X2 < O
ja
il2 = O
nein
47
il2 = il − 0.08 ✳ X2
il2 < O
ja
bi = bi + il2
il2 = O
nein
il = O
ja
bi = bi − 0.08 ✳ hy
nein
bi = bi − 0.08 ✳ X2
ja
il = O
nein
or3 = or − X2 − 0.03 ✳ (hy − X2)
ab3 = ab − 0.20 ✳ X2 − 0.13 ✳ (hy − X2)
an2 = an
or2 = or − 0.9 ✳ k' ✳ hy
ab2 = ab − 0.9 ✳ (1 − k') ✳ hy
ab2 < O
ja
ab2 = O
nein
or3 = or − 0.9 ✳ k' ✳ X2 − 0.03 ✳ (hy − X2) − 1.54 ✳ (sil − 0.22 ✳ X2 − 1.33 ✳ (hy − X2))
ab3 = ab − 0.9 ✳ (1 − k') ✳ X2 − 0.13 ✳ (hy − X2) − 0.31 ✳ (sil − 0.22 ✳ X2 − 1.33 ✳ (hy − X2))
an2 = an
△q1 = O
Bestimmung des „durch-schnittlichen" Feldspats (vgl. Kap. 5.2.7)
an2 = an
V' = (or + ab) / (wo + hy)
△q1 = △q + 0.52 ✳ hy
47
12
11
10a
A 30

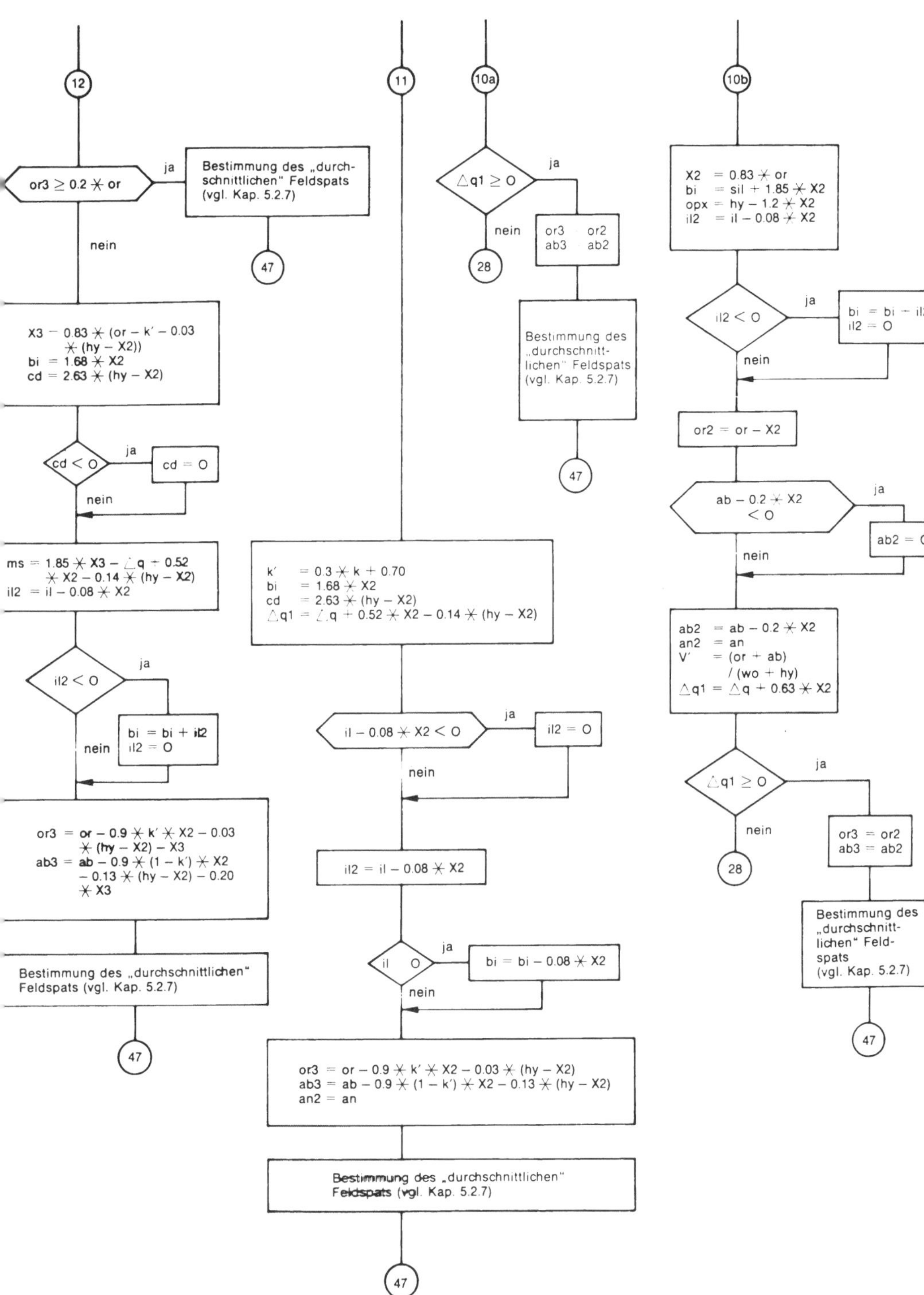

12
or3 ≥ 0.2 ✳ or
ja
nein
Bestimmung des „durchschnittlichen" Feldspats (vgl. Kap. 5.2.7)
47
X3 = 0.83 ✳ (or − k′ − 0.03 ✳ (hy − X2))
bi = 1.68 ✳ X2
cd = 2.63 ✳ (hy − X2)
cd < 0
ja
nein
cd = 0
ms = 1.85 ✳ X3 − ∠q + 0.52 ✳ X2 − 0.14 ✳ (hy − X2)
il2 = il − 0.08 ✳ X2
il2 < 0
ja
nein
bi = bi + il2
il2 = 0
or3 = or − 0.9 ✳ k′ ✳ X2 − 0.03 ✳ (hy − X2) − X3
ab3 = ab − 0.9 ✳ (1 − k′) ✳ X2 − 0.13 ✳ (hy − X2) − 0.20 ✳ X3
Bestimmung des „durchschnittlichen" Feldspats (vgl. Kap. 5.2.7)
47
11
k′ = 0.3 ✳ k + 0.70
bi = 1.68 ✳ X2
cd = 2.63 ✳ (hy − X2)
∆q1 = ∠q + 0.52 ✳ X2 − 0.14 ✳ (hy − X2)
il − 0.08 ✳ X2 < 0
ja
nein
il2 = 0
il2 = il − 0.08 ✳ X2
il 0
ja
nein
bi = bi − 0.08 ✳ X2
or3 = or − 0.9 ✳ k′ ✳ X2 − 0.03 ✳ (hy − X2)
ab3 = ab − 0.9 ✳ (1 − k′) ✳ X2 − 0.13 ✳ (hy − X2)
an2 = an
Bestimmung des „durchschnittlichen" Feldspats (vgl. Kap. 5.2.7)
47
10a
∆q1 ≥ 0
ja
nein
28
or3 or2
ab3 ab2
Bestimmung des „durchschnittlichen" Feldspats (vgl. Kap. 5.2.7)
47
10b
X2 = 0.83 ✳ or
bi = sil + 1.85 ✳ X2
opx = hy − 1.2 ✳ X2
il2 = il − 0.08 ✳ X2
il2 < 0
ja
nein
bi = bi − il2
il2 = 0
or2 = or − X2
ab − 0.2 ✳ X2 < 0
ja
nein
ab2 = 0
ab2 = ab − 0.2 ✳ X2
an2 = an
V′ = (or + ab) / (wo + hy)
∆q1 = ∆q + 0.63 ✳ X2
∆q1 ≥ 0
ja
nein
28
or3 = or2
ab3 = ab2
Bestimmung des „durchschnittlichen" Feldspats (vgl. Kap. 5.2.7)
47

A 31

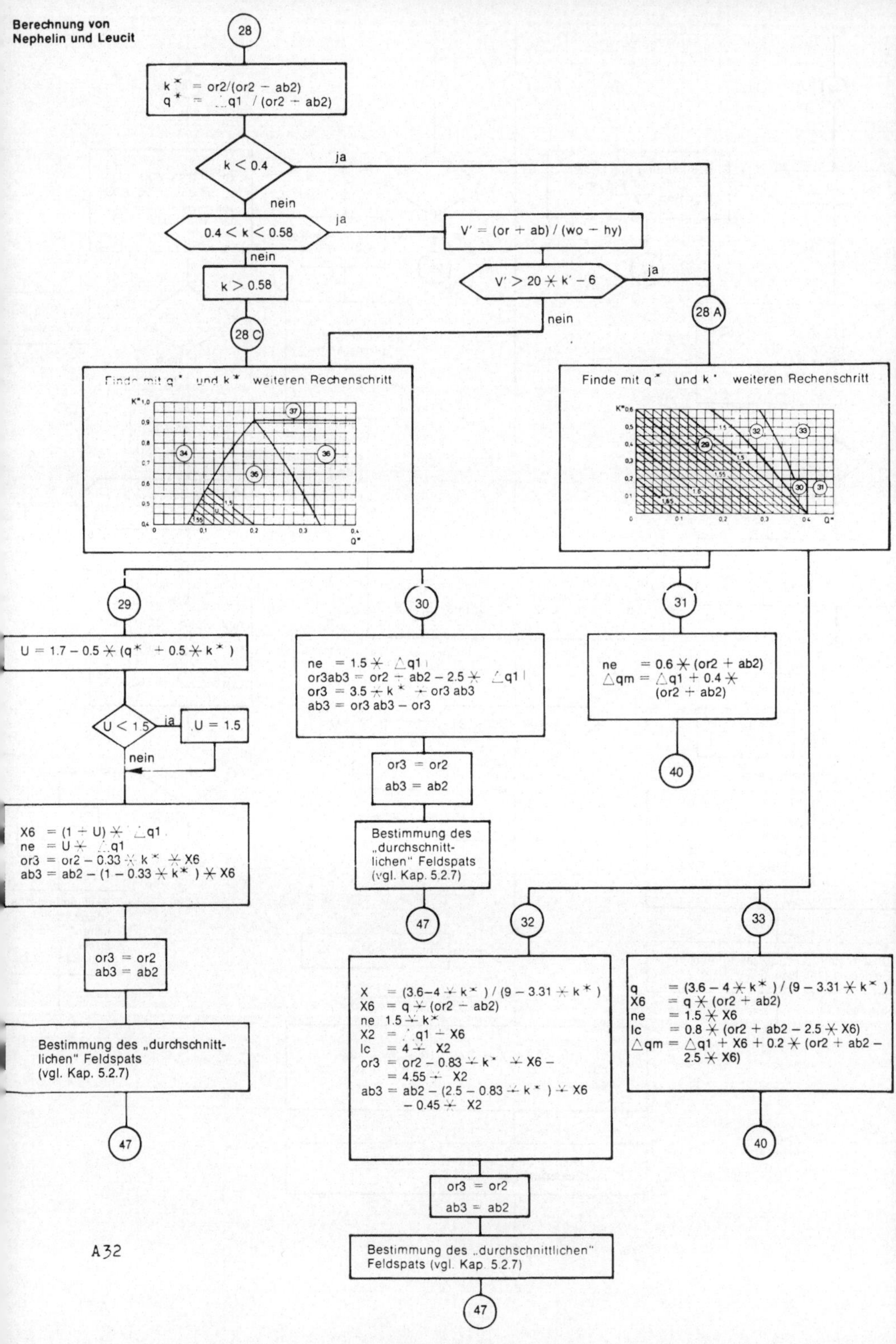
Berechnung von
Nephelin und Leucit
28
k* = or2/(or2 − ab2)
q* = △q1 / (or2 − ab2)
k < 0.4
ja
nein
0.4 < k < 0.58
ja
V' = (or + ab) / (wo − hy)
nein
k > 0.58
V' > 20 ✶ k' − 6
ja
nein
28 C
28 A
Finde mit q* und k* weiteren Rechenschritt
Finde mit q* und k* weiteren Rechenschritt
K* 1,0
0,9
0,8
0,7
0,6
0,5
0,4
34
35
36
37
1,5
1,55
U
0   0,1   0,2   0,3   0,4   Q*
K* 0,6
0,5
0,4
0,3
0,2
0,1
29
32
33
30
31
1,5
1,5
1,55
1,6
1,65
0   0,1   0,2   0,3   0,4   Q*
29
30
31
U = 1.7 − 0.5 ✶ (q* + 0.5 ✶ k*)
ne = 1.5 ✶ △q1
or3ab3 = or2 + ab2 − 2.5 ✶ △q1
or3 = 3.5 ✶ k* ✶ or3 ab3
ab3 = or3 ab3 − or3
ne = 0.6 ✶ (or2 + ab2)
△qm = △q1 + 0.4 ✶ (or2 + ab2)
U < 1.5
ja
U = 1.5
nein
or3 = or2
ab3 = ab2
40
X6 = (1 + U) ✶ △q1
ne = U ✶ △q1
or3 = or2 − 0.33 ✶ k* ✶ X6
ab3 = ab2 − (1 − 0.33 ✶ k*) ✶ X6
Bestimmung des „durchschnittlichen" Feldspats (vgl. Kap. 5.2.7)
47
32
33
or3 = or2
ab3 = ab2
X = (3.6 − 4 ✶ k*) / (9 − 3.31 ✶ k*)
X6 = q ✶ (or2 − ab2)
ne 1.5 ✶ k*
X2 = △q1 − X6
lc = 4 ✶ X2
or3 = or2 − 0.83 ✶ k* ✶ X6 − = 4.55 ✶ X2
ab3 = ab2 − (2.5 − 0.83 ✶ k*) ✶ X6 − 0.45 ✶ X2
q = (3.6 − 4 ✶ k*) / (9 − 3.31 ✶ k*)
X6 = q ✶ (or2 + ab2)
ne = 1.5 ✶ X6
lc = 0.8 ✶ (or2 + ab2 − 2.5 ✶ X6)
△qm = △q1 + X6 + 0.2 ✶ (or2 + ab2 − 2.5 ✶ X6)
Bestimmung des „durchschnittlichen" Feldspats (vgl. Kap. 5.2.7)
47
or3 = or2
ab3 = ab2
40
A 32
or3 = or2
ab3 = ab2
Bestimmung des „durchschnittlichen" Feldspats (vgl. Kap. 5.2.7)
47

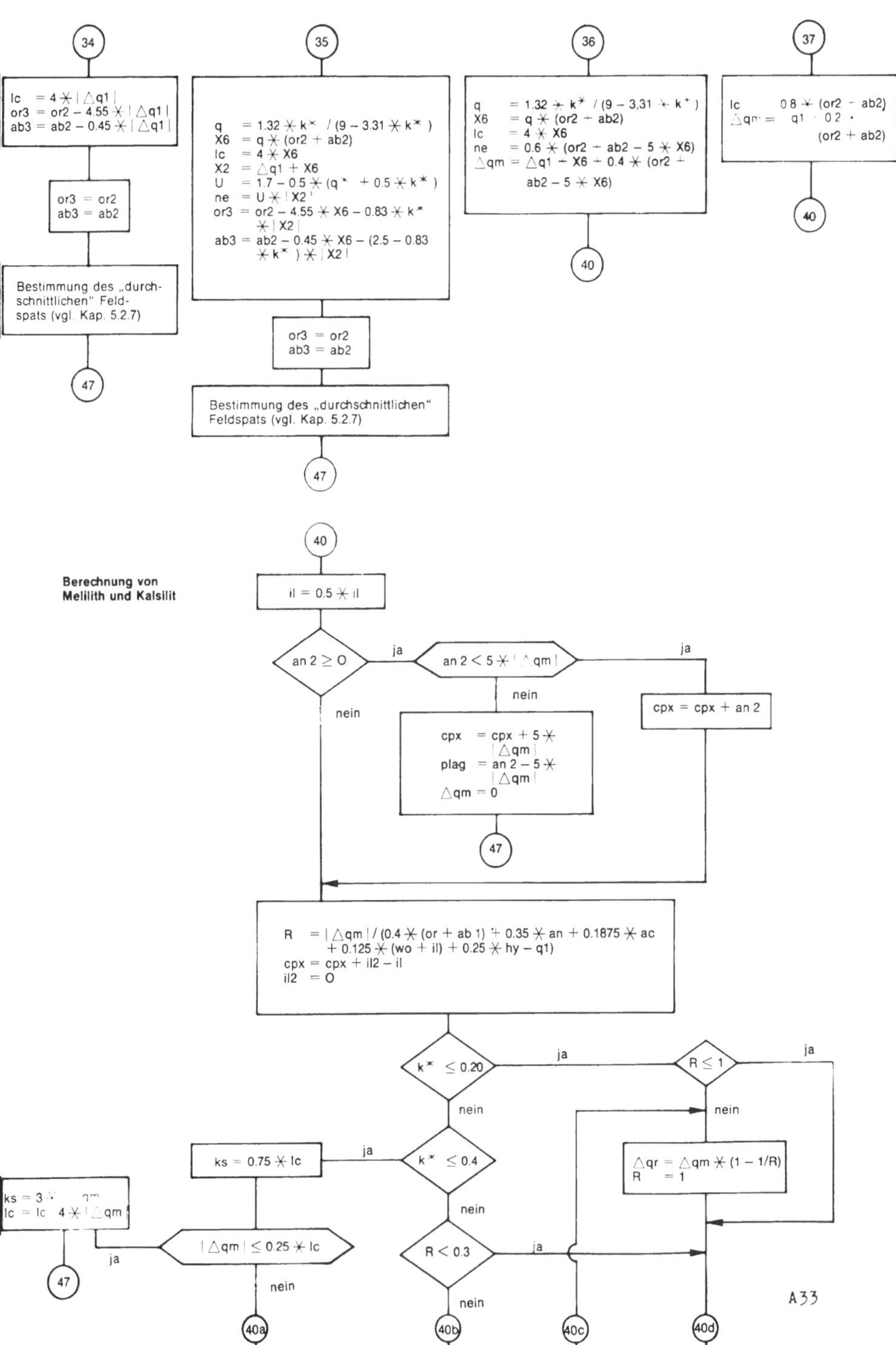
34
lc   = 4 * | Δq1 |
or3 = or2 − 4.55 * | Δq1 |
ab3 = ab2 − 0.45 * | Δq1 |
or3 = or2
ab3 = ab2
Bestimmung des „durchschnittlichen" Feldspats (vgl. Kap. 5.2.7)
47

35
q   = 1.32 * k* / (9 − 3.31 * k*)
X6 = q * (or2 + ab2)
lc   = 4 * X6
X2 = Δq1 + X6
U   = 1.7 − 0.5 * (q* + 0.5 * k*)
ne   = U * | X2 |
or3 = or2 − 4.55 * X6 − 0.83 * k* * | X2 |
ab3 = ab2 − 0.45 * X6 − (2.5 − 0.83 * k*) * | X2 |
or3 = or2
ab3 = ab2
Bestimmung des „durchschnittlichen" Feldspats (vgl. Kap. 5.2.7)
47

36
q   = 1.32 * k* / (9 − 3,31 * k*)
X6 = q * (or2 + ab2)
lc   = 4 * X6
ne   = 0.6 * (or2 + ab2 − 5 * X6)
Δqm = Δq1 + X6 + 0.4 * (or2 + ab2 − 5 * X6)
40

37
lc   = 0.8 * (or2 − ab2)
Δqm = q1 − 0.2 · (or2 + ab2)
40

Berechnung von Melilith und Kalsilit

40
il = 0.5 * il
an 2 ≥ 0
ja
an 2 < 5 * | Δqm |
ja
nein
cpx = cpx + 5 * | Δqm |
plag = an 2 − 5 * | Δqm |
Δqm = 0
47
cpx = cpx + an 2
nein

R   = | Δqm | / (0.4 * (or + ab 1) + 0.35 * an + 0.1875 * ac + 0.125 * (wo + il) + 0.25 * hy − q1)
cpx = cpx + il2 − il
il2 = 0

k* ≤ 0.20
ja
R ≤ 1
ja
nein
nein
Δqr = Δqm * (1 − 1/R)
R   = 1

ks = 0.75 * lc
ja
k* ≤ 0.4
nein
ks = 3 * Δqm
lc = lc − 4 * | Δqm |
ja
| Δqm | ≤ 0.25 * lc
47
nein
R < 0.3
ja
nein
40a
40b
40c
40d
A 33

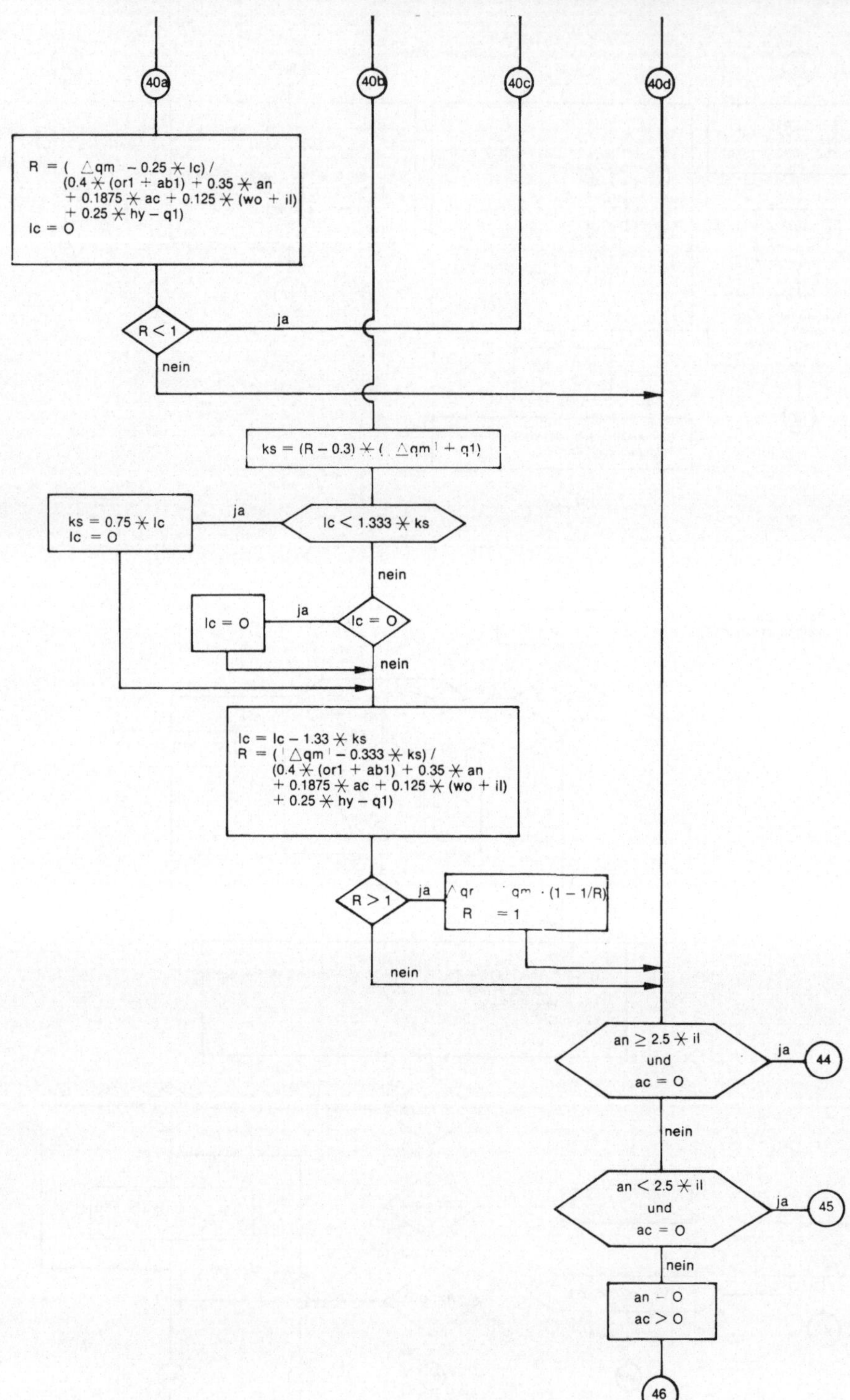

40a
40b
40c
40d
R = (△qm − 0.25 ✳ lc) /
(0.4 ✳ (or1 + ab1) + 0.35 ✳ an
+ 0.1875 ✳ ac + 0.125 ✳ (wo + il)
+ 0.25 ✳ hy − q1)
lc = O
R < 1
ja
nein
ks = (R − 0.3) ✳ (△qm + q1)
ks = 0.75 ✳ lc
lc = O
ja
lc < 1.333 ✳ ks
nein
lc = O
ja
lc = O
nein
lc = lc − 1.33 ✳ ks
R = (△qm − 0.333 ✳ ks) /
(0.4 ✳ (or1 + ab1) + 0.35 ✳ an
+ 0.1875 ✳ ac + 0.125 ✳ (wo + il)
+ 0.25 ✳ hy − q1)
R > 1
ja
qr   qm · (1 − 1/R)
R   = 1
nein
an ≥ 2.5 ✳ il
und
ac = O
ja
44
nein
an < 2.5 ✳ il
und
ac = O
ja
45
nein
an − O
ac > O
46

A 34

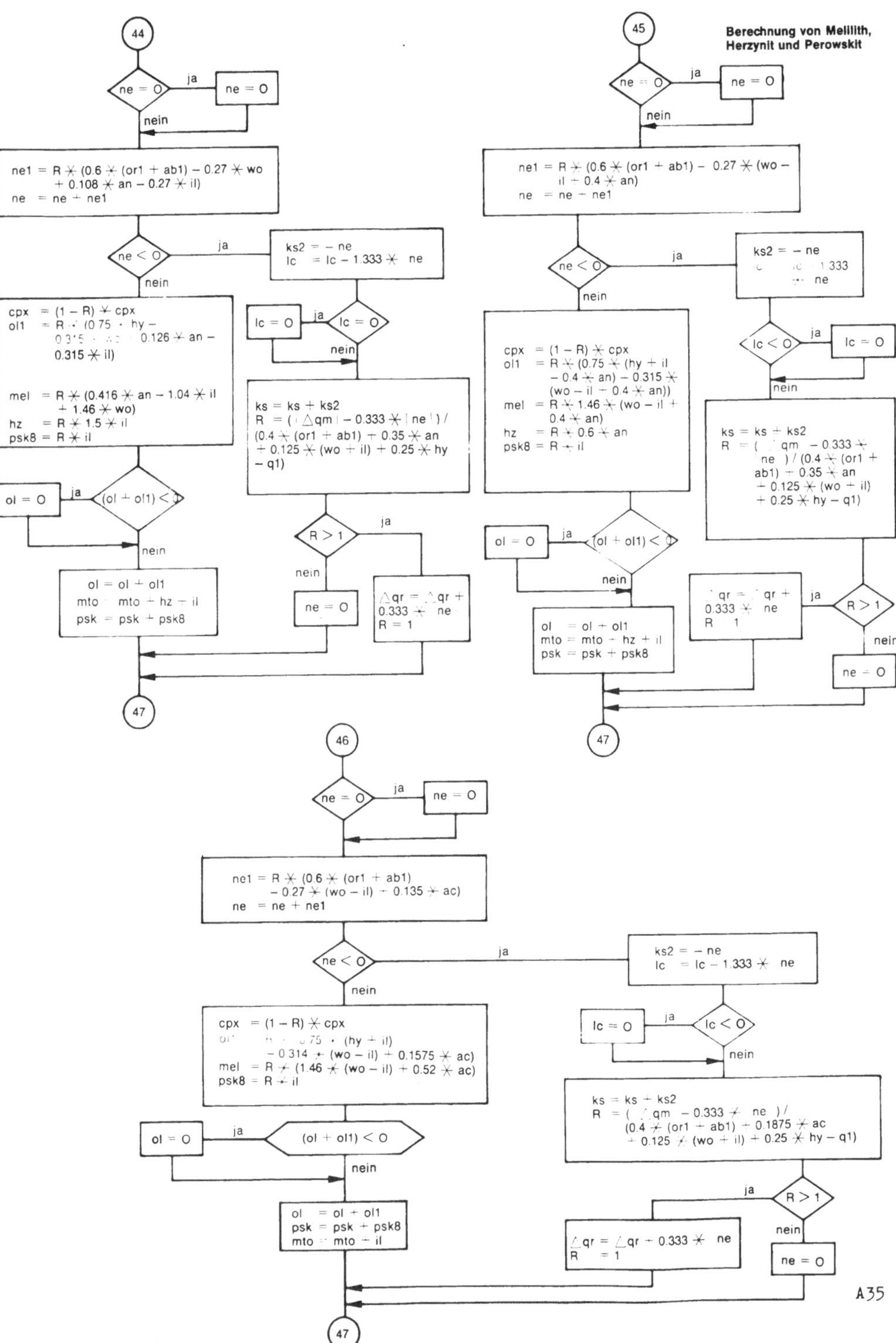
44
ne = 0
ja
ne = 0
nein
ne1 = R * (0.6 * (or1 + ab1) - 0.27 * wo + 0.108 * an - 0.27 * il)
ne = ne + ne1
ne < 0
ja
ks2 = - ne
lc = lc - 1.333 * ne
nein
cpx = (1 - R) * cpx
ol1 = R * (0.75 * hy - 0.315 * ac - 0.126 * an - 0.315 * il)
mel = R * (0.416 * an - 1.04 * il + 1.46 * wo)
hz = R * 1.5 * il
psk8 = R * il
lc = 0
ja
lc = 0
nein
ks = ks + ks2
R = (|qm| - 0.333 * |ne|) / (0.4 * (or1 + ab1) + 0.35 * an + 0.125 * (wo + il) + 0.25 * hy - q1)
ol = 0
ja
(ol + ol1) < 0
nein
R > 1
ja
nein
ne = 0
qr = qr + 0.333 * ne
R = 1
ol = ol + ol1
mto = mto + hz + il
psk = psk + psk8
47

45
Berechnung von Melilith, Herzynit und Perowskit
ne = 0
ja
ne = 0
nein
ne1 = R * (0.6 * (or1 + ab1) - 0.27 * (wo - il - 0.4 * an)
ne = ne - ne1
ne < 0
ja
ks2 = - ne
lc = lc - 1.333 * ne
nein
cpx = (1 - R) * cpx
ol1 = R * (0.75 * (hy + il - 0.4 * an) - 0.315 * (wo - il - 0.4 * an))
mel = R * 1.46 * (wo - il + 0.4 * an)
hz = R * 0.6 * an
psk8 = R * il
lc < 0
ja
lc = 0
nein
ks = ks + ks2
R = (qm - 0.333 * ne) / (0.4 * (or1 + ab1) + 0.35 * an + 0.125 * (wo + il) + 0.25 * hy - q1)
ol = 0
ja
(ol + ol1) < 0
nein
qr = qr + 0.333 * ne
R = 1
ja
R > 1
nein
ne = 0
ol = ol + ol1
mto = mto + hz + il
psk = psk + psk8
47

46
ne = 0
ja
ne = 0
nein
ne1 = R * (0.6 * (or1 + ab1) - 0.27 * (wo - il) - 0.135 * ac)
ne = ne + ne1
ne < 0
ja
ks2 = - ne
lc = lc - 1.333 * ne
nein
cpx = (1 - R) * cpx
ol1 = R * (0.75 * (hy + il) - 0.314 * (wo - il) + 0.1575 * ac)
mel = R * (1.46 * (wo - il) + 0.52 * ac)
psk8 = R * il
lc = 0
ja
lc < 0
nein
ks = ks + ks2
R = (qm - 0.333 * ne) / (0.4 * (or1 + ab1) + 0.1875 * ac + 0.125 * (wo + il) + 0.25 * hy - q1)
ol = 0
ja
(ol + ol1) < 0
nein
R > 1
ja
nein
ne = 0
qr = qr + 0.333 * ne
R = 1
ol = ol + ol1
psk = psk + psk8
mto = mto + il
47
A 35

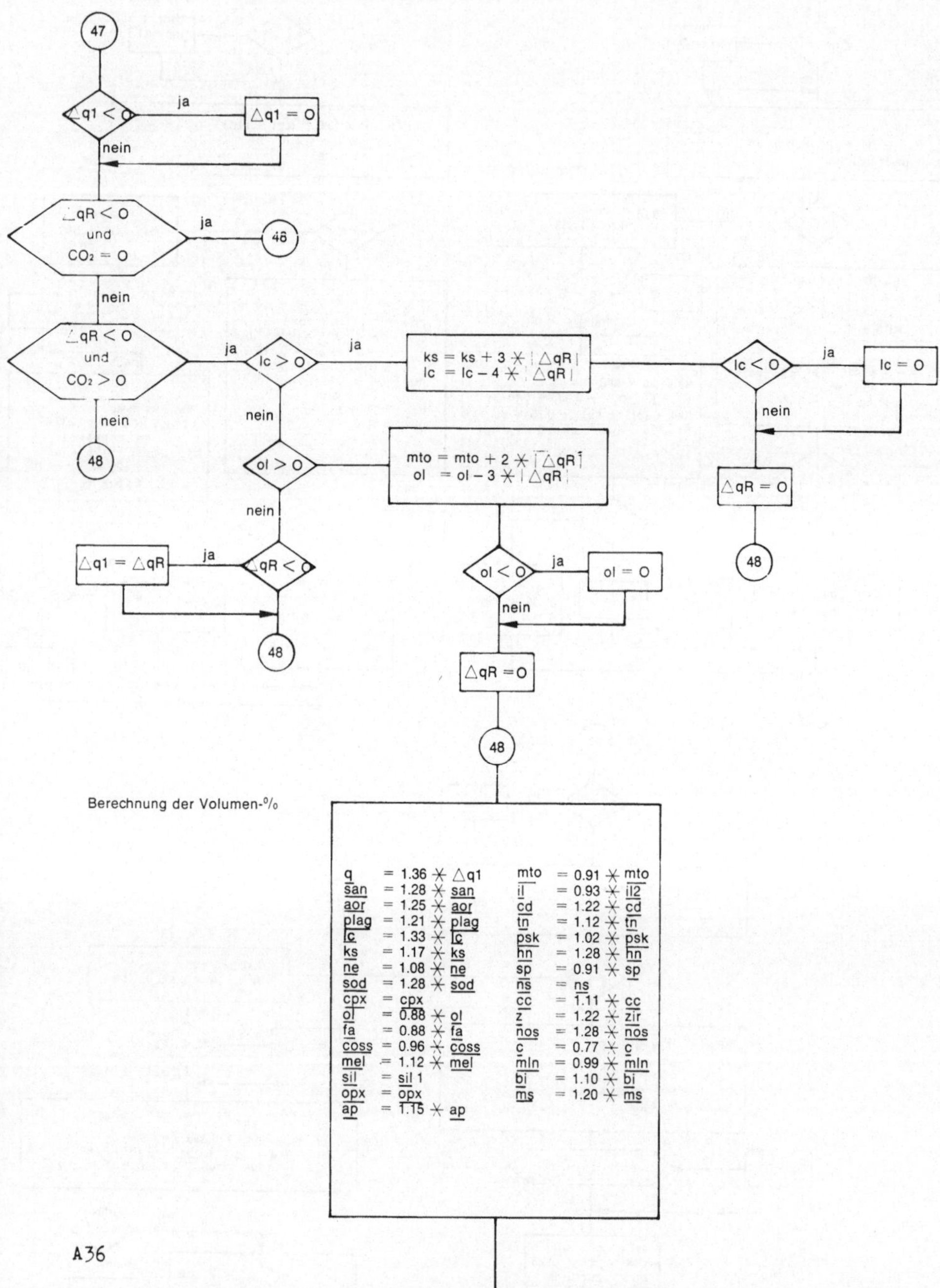

47
△q1 < O
ja
△q1 = O
nein
∠qR < O
und
CO₂ = O
ja
48
nein
∠qR < O
und
CO₂ > O
ja
lc > O
ja
ks = ks + 3 ✳ |△qR|
lc = lc − 4 ✳ |△qR|
lc < O
ja
lc = O
nein
△qR = O
48
nein
48
nein
ol > O
mto = mto + 2 ✳ |△qR|
ol = ol − 3 ✳ |△qR|
nein
△q1 = △qR
ja
∠qR <
48
ol < O
ja
ol = O
nein
△qR = O
48
Berechnung der Volumen-%
q   = 1.36 ✳ △q1
san = 1.28 ✳ san
aor = 1.25 ✳ aor
plag = 1.21 ✳ plag
lc   = 1.33 ✳ lc
ks   = 1.17 ✳ ks
ne   = 1.08 ✳ ne
sod = 1.28 ✳ sod
cpx = cpx
ol   = 0.88 ✳ ol
fa   = 0.88 ✳ fa
coss = 0.96 ✳ coss
mel = 1.12 ✳ mel
sil = sil 1
opx = opx
ap   = 1.15 ✳ ap
mto = 0.91 ✳ mto
il   = 0.93 ✳ il2
cd   = 1.22 ✳ cd
tn   = 1.12 ✳ tn
psk = 1.02 ✳ psk
hn   = 1.28 ✳ hn
sp   = 0.91 ✳ sp
ns   = ns
cc   = 1.11 ✳ cc
z   = 1.22 ✳ zir
nos = 1.28 ✳ nos
c   = 0.77 ✳ c
mln = 0.99 ✳ mln
bi   = 1.10 ✳ bi
ms   = 1.20 ✳ ms

A 36

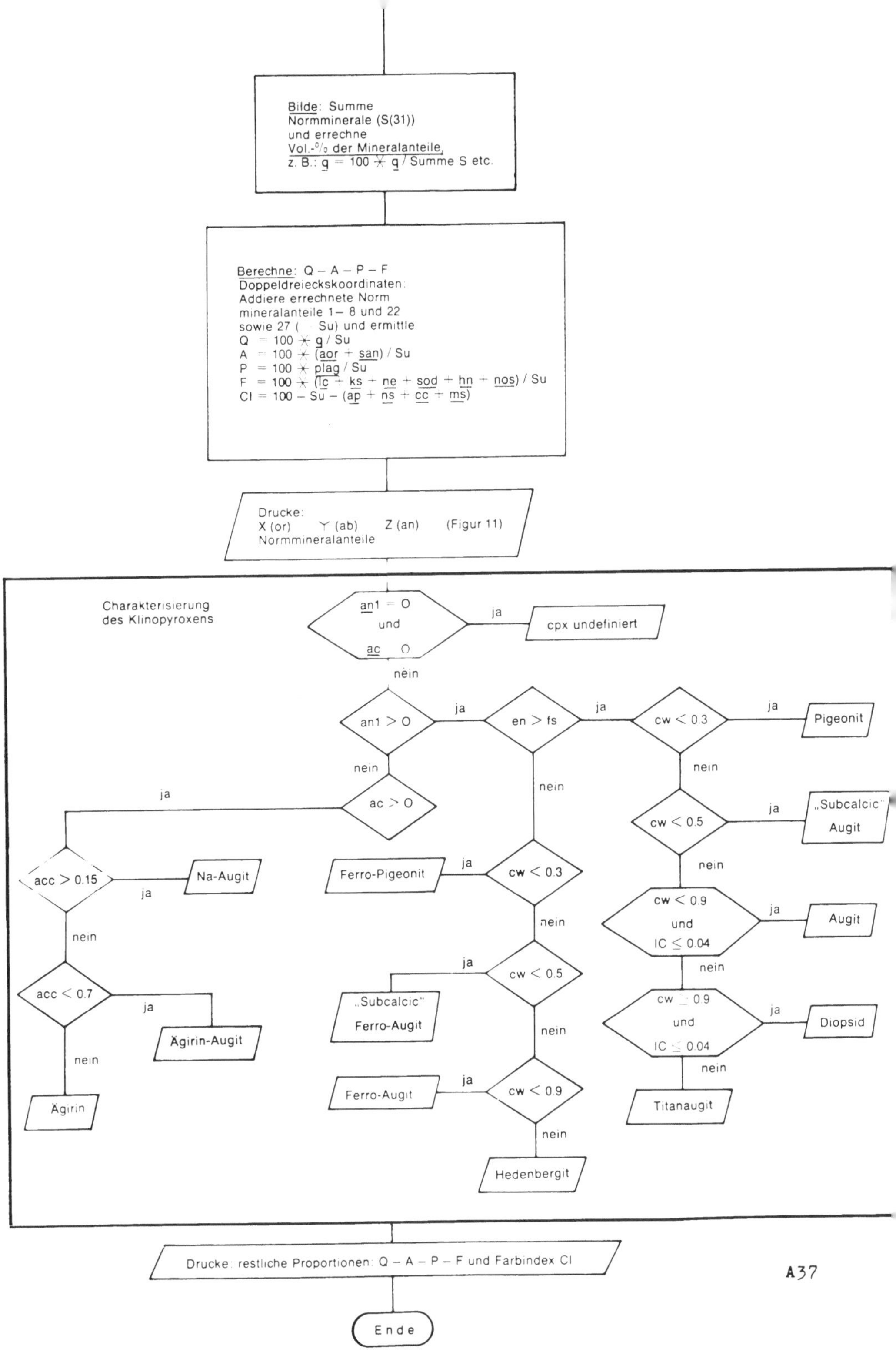

Bilde: Summe
Normminerale (S(31))
und errechne
Vol.-% der Mineralanteile,
z. B.: q = 100 * q / Summe S etc.
Berechne: Q – A – P – F
Doppeldreieckskoordinaten:
Addiere errechnete Norm
mineralanteile 1– 8 und 22
sowie 27 (Su) und ermittle
Q = 100 * q / Su
A = 100 * (aor + san) / Su
P = 100 * plag / Su
F = 100 * (lc + ks + ne + sod + hn + nos) / Su
CI = 100 – Su – (ap + ns + cc + ms)
Drucke:
X (or) Y (ab) Z (an) (Figur 11)
Normmineralanteile
Charakterisierung
des Klinopyroxens
an1 = O
und
ac O
ja
cpx undefiniert
nein
an1 > O
ja
en > fs
ja
cw < 0.3
ja
Pigeonit
nein
ac > O
ja
nein
nein
cw < 0.5
ja
„Subcalcic"
Augit
acc > 0.15
ja
Na-Augit
Ferro-Pigeonit
ja
cw < 0.3
nein
cw < 0.9
und
IC ≤ 0.04
ja
Augit
nein
nein
acc < 0.7
ja
Ägirin-Augit
„Subcalcic"
Ferro-Augit
ja
cw < 0.5
nein
cw ≥ 0.9
und
IC ≤ 0.04
ja
Diopsid
nein
Ägirin
Ferro-Augit
ja
cw < 0.9
nein
Titanaugit
Hedenbergit
Drucke: restliche Proportionen: Q – A – P – F und Farbindex CI
Ende

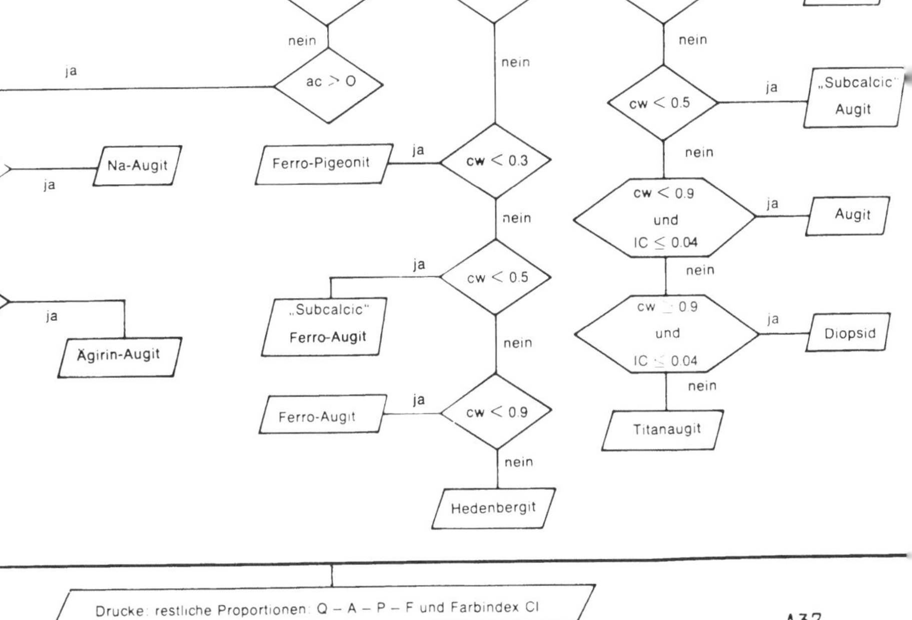

A37

Bisher erschienen

Clausthaler Tektonische Hefte

Heft Nr. 1, 4. Auflage, 1965; Adler, R., Fenchel, W., Hannak, W., Pilger, A., mit einem Beitrag von K.-P. Hoyer: **Einige Grundlagen der Tektonik I,** 64 S., 39 Abb., 2 Tab., brosch. **Vergriffen, völlige Neubearbeitung des Stoffes in Heft Nr. 12**

Heft Nr. 2, 3. Auflage, 1965; Adler, R., Fenchel, W., Pilger, A.: **Statistische Methoden in der Tektonik I. — Die gebräuchlichsten Darstellungsarten ohne Verwendung der Lagenkugelprojektion.** 97 S. 51 Abb., 9 Tab., brosch. Pr: DM 11,80

Heft Nr. 3, 3. Auflage, 1967; Adler, R., Fenchel, W., Martini, H.-J., Pilger, A.: **Einige Grundlagen der Tektonik II. Die tektonischen Trennflächen.** 94 S., 67 Abb., 1 Tab., brosch., Pr: DM 11,80

Heft Nr. 4, 3. Auflage, 1969; Adler, R., Fenchel, W., Pilger, A.: **Statistische Methoden in der Tektonik II. Das Schmidtsche Netz und seine Anwendung im Bereich des makroskopischen Gefüges.** 111 S., 79 Abb., brosch. Pr: DM 11,80

Heft Nr. 5, 1964; Karl, F.: **Anwendung der Gefügekunde in der Petrotektonik, Teil I Grundbegriffe.** 142 S., 73 Abb., brosch. Pr: DM 7,— *

Heft Nr. 6, 1967; Kronberg, P.: **Photogeologie.** Eine Einführung in die geologische Luftbildauswertung. 235 S., 126 Abb., davon 46 Luftbilder und 28 Luftbildstereogramme, brosch. Pr. DM 23,— (vergriffen)

Heft Nr. 7, 1968; Bottke, H.: **Schürfbohren.** Teil 1: **Die Durchführung von Kernbohrungen.** 140 S., 46 Abb., 60 Tab., 4 Taf., brosch. Pr: DM 10,— *

Heft Nr. 8, 1968; Adler, R. E., Krückeberg, F., Pfisterer, W., Pilger, A., Schmidt, M. W.: **Elektronische Datenverarbeitung in der Tektonik.** 157 S., 23 Taf., 39 Abb., 24 Tab., brosch. Pr: DM 10,— *

Heft Nr. 9, 1969; Fuchs, W., Günther, R., Krausse, H.-F., Meyer, W., Mohr, K., Pertold, Z., Pilger, A.: **Lineamenttektonik und Magmatismus im Westharz.** 260 S., 6 Tab., 32 Abb., 16 Bilder, brosch. Pr: DM 10,— *

Heft Nr. 10, 1970; 28 Titel, 27 Autoren, **Computer-Einsatz in der Geologie.** 400 S., 126 Abb., 13 Tab., brosch. Pr: DM 15,— * (vergriffen)

Heft Nr. 11, 1971; Geyh, Mebus A.: **Die Anwendung der ^{14}C-Methode.** Die Entnahme, Auswahl und Behandlung von ^{14}C-Proben sowie Auswertung und Verwendung von ^{14}C-Ergebnissen, 118 S., 12 Abb., brosch. Pr. DM 14,50

Heft Nr. 12, 1972; Flick, H., Quade, H., Stache, G.-A., mit Beiträgen von F. W. Wellmer: **Einführung in die tektonischen Arbeitsmethoden.** — Schichtenlagerung und bruchlose Verformung. 96 S., 54 Abb., 2 Tab., brosch. Pr: DM 11,80

Heft Nr. 13, 1972; Wendt, I., mit Beiträgen von Lenz, H. und Schoell, M.: **Radiometrische Methoden in der Geochronologie.** 126 S., 47 Abb. im Text, 5 Tab. und 1 Abb. im Anhang, brosch. Pr: DM 17,50

Heft Nr. 14, 1973; Müller, G.; Raith, M.: **Methoden der Dünnschliffmikroskopie.** Zweite neubearbeitete Auflage, 151 S., 38 Abb. im Text, 6 Tab. und 1 Beilage, brosch. Pr: DM 19,80

Heft Nr. 15, 1977; Müller, G., Braun, E.: **Methoden zur Berechnung von Gesteinsnormen.** 126 S., 17 Bilder und 23 Tab. im Text, 2 Flußdiagramme im Anhang, brosch. Pr.: DM 24,—

* verbilligter Preis

Clausthaler Geologische Abhandlungen

Heft Nr. **1**, 1965; Adler, R. E., Krausse, H.-F., Lautsch, H., Pilger, A.: **Beiträge zur Tektonik des nördlichen Ruhrkarbons.** 167 S., 62 Abb., 1 Tab., brosch. Pr: DM 10,—

Heft Nr. **2**, 1965; Krausse, H.-F.: **Gefügeachsen im westlichen Teil des Vestischen Hauptsattels (nördliches Ruhrgebiet) und ihre Beziehung zu den übrigen tektonischen Elementen.** 114 S., 191 Abb., 7 Tab., 2 Taf., brosch. Pr: DM 10,—

Heft Nr. **3**, 1970; Wellmer, F.-W.: **Verwendung piezoelektrischer Messungen an quarzhaltigen Gesteinen in der Gefügekunde.** 190 S., 60 Abb., 63 Tab., brosch. Pr: DM 15,—, z. Z. vergriffen

Heft Nr. **4**, 1970; Schade, H.: **Der Kulm in dem nordöstlich der Lahn gelegenen Teil der Dillmulde.** 178 S., 33 Abb., 2 Taf., 29 Tab., brosch. Pr: DM 15,—, z. Z. vergriffen

Heft Nr. **5**, 1970; Pilger, A., Weissenbach, N: **Stand und Aussichten der Forschung über Stratigraphie, Tektonik und Metamorphose in der Saualpe in Kärnten.** 39 S., 16 Abb., brosch. Pr: DM 15,—

Heft Nr. **6**, 1970; Behain, C.: **Die Tektonik des Tschogart-Eisenerz-Massivs und seiner Umgebung bei Bafq im zentralen Iran.** 51 S., 21 Abb., 6 Fig., 4 Tab., brosch. Pr: DM 15,—, z. Z. vergiffen

Heft Nr. **7**, 1971; Ahmadzadeh Heravi, M.: **Stratigraphische und paläontologische Untersuchungen im Unterkarbon des zentralen Elburs (Iran).** 114 S., 5 Abb., 4 Taf., 4 Tab., brosch. Pr: DM 15,—, z. Z. vergriffen

Heft Nr. **8**, 1971; Pilger, A.: **Die zeitlich-tektonische Entwicklung der iranischen Gebirge.** 27 S., 4 Abb., 5 Taf., brosch. Pr: DM 15,—, vergriffen

Heft Nr. **9**, 1971; Weissenbach, N.: **Geologie und Petrographie der eklogitführenden hochkristallinen Serien im zentralen Teil der Saualpe, Kärnten.** In Vorbereitung

Heft Nr. **10**, 1971; Produfal, P.: **Zur Geologie und Lagerstättenkunde der Manganvorkommen bei Drama (Griechisch-Mazedonien).** 82 S., 45 Abb., 6 Taf., brosch. Pr: DM 15,—

Heft Nr. **11**, 1971; Klarr, K.: **Der geologische Bau des südöstlichen Teiles vom Aldudes-Quinto-Real-Massiv (spanische Westpyrenäen).** 148 S., 42 Abb., 1 Tab., 16 Beil., brosch Pr: DM 15,—, z. Z. vergriffen

Heft Nr. **12**, 1978; Pilger, A. und Mitarbeiter: **Beiträge zur Geologie des Paläozoikums in den spanischen Westpyrenäen, mit einer geologischen Karte des Magnesit-Gebietes von Eugui.** Erscheint im März 1978

Heft Nr. **13**, 1972; Requadt, H.: **Zur Stratigraphie und Fazies des Unter- und Mitteldevons in den spanischen Westpyrenäen.** 113 S., 40 Abb., 1 Taf., brosch. Pr: DM 10,—

Heft Nr. **14**, 1972; Dennert, H., Hintze, J., Mohr, K. und Pilger, A.: **Gangkarte des Stadtgebietes von Clausthal-Zellerfeld,** 1:10 000, mit Erläuterungen, 38 S., 7 Abb., 2 Taf., brosch. Pr: DM 10,—

Heft Nr. **15**, 1973; Sipahi, M: **Tektonische Flächengefüge in den Steinkohlenflözen der Bochumer Schichten im Grubenfeld Friedrich der Große bei Herne/Ruhrkarbon.** 114 S., 76 Abb., 27 Tab., 11 Anl., brosch. Pr: DM 10,–

Heft Nr. **16,** 1973; Cabral, C.: **Die tertiären Laterite des westlichen Vogelberges und ihre Eignung als Steine und Erden-Rohstoffe.** 153 S., 105 Abb., 58 Tab., brosch. Pr: DM 15,–

Heft Nr. **17,** 1973/74; Pilger, A., Rösler, A. und Schwan, W.: **Zeitlich-tektonische Zusammenhänge bei der Plattentektonik.** XII u. 85 S., 16 Abb., 1 Tab., brosch. DM 30,–

Heft Nr. **18,** 1974; Brewitz, H. W.: **Montangeologische Erkundung und Genese der metamorphen, exhalativ-sedimentären Zn - Cu - Lagerstätte Kobos im Altkristallin des Nauchas Hochlandes, SW-Afrika.** 128 S., 45 Abb., 9 Tab., brosch. Pr: DM 20,–

Heft Nr. **19,** 1974; Wettig, E.: **Die Erzgänge des nördlichen rechtsrheinischen Schiefergebirges, ihr Inhalt und ihre tektonischen Zusammenhänge.** 363 S., 158 Abb., 129 Tab., 16 Anl., 6 Karten, brosch. Pr: DM 35,–

Heft Nr. **20,** 1974; Alicke, R.: **Die hydrochemischen Verhältnisse im Westharz in ihrer Beziehung zur Geologie und Petrographie.** 223 S., 32 Abb., Tab. auf S. 142 bis 223, brosch. Pr: DM 30,–

Heft Nr. **21,** 1975; Schulze, D.: **Sulfidvererzungen am Hauknestind.** 89 S., 22 Abb., 31 Dünnschliff-Fotos, 2 Taf., brosch. Pr: DM 20,–

Sonderband **1,** 1975. Herausgeber: Pilger, A., Schönenberg, R., Weissenbach, N.: **Geologie der Saualpe.** XV u. 232 S., 4 Taf., zahlreiche Abb. u. Dünnschliff-Fotos, brosch. Pr.: DM 35,–, vergriffen, gekürzter Nachdruck erscheint demnächst

Heft Nr. **22,** 1975; Müller, R.: **Stratigraphie, Metamorphose und Tektonik devonischer Aufbrüche im Bereich der mittleren Westpyrenäen (oberes Baztán-Tal, Navarra, Spanien).** 146 S., 51 Abb., 2 Tab., 7 Karten-Anlagen, brosch. Pr: DM 20,–

Heft Nr. **23,** 1975; Ahmadzadeh Heravi, M.: **Stratigraphie und Fauna im Devon des östlichen Elburs (Iran).** 114 S., 3 Abb., 3 Tab., 11 Taf., brosch. Pr: DM 15,–

Heft Nr. **24,** 1976: Stache, G. A.: **Untersuchungen zur Geologie, Petrographie, Metamorphose und Genese des basisch-ultrabasischen Massivs von Barro Alto/Goias (Brasilien).** 149 S., 54 Abb., 11 Tab., 1 Beil., brosch. DM 20,–

Heft Nr. **25,** 1978; Krauße, H.-F.: **Zur Tektonik der Westpyrenäen** (Arbeitstitel). In Vorbereitung

Heft Nr. **26,** 1977: Flick, H.: **Geologie und Petrographie der Keratophyre des Lahn-Dill-Gebietes (südliches Rheinisches Schiefergebirge)** 231 S., 78 Abb., 6 Tab., 7 Taf., brosch. DM 25,–

Heft Nr. **27,** 1977: Pilger, A. und Mir-Mohammedi, M. A.: **Beiträge zur Mineralogie, Tektonik und Lagerstättenkunde des Iran.** 85 S., 7 Abb., 1 Tab., 7 Taf., brosch. Pr.: DM 25.—

Heft Nr. **28,** 1977: Reuther, C.-D.: **Das Namur im südlichen Kantabrischen Gebirge (Nordspanien) Krustenbewegungen und Faziesdifferenzierung im Übergang Geosynklinale-Orogen.** 122 S., 28 Abb., 1 Tab., 9 Taf., brosch. Pr.: DM 25.—

Heft Nr. **29,** (erscheint voraussichtlich Ende 1977): Juch, D.: **Geologie des Äthiopischen Südost-Escarpments zwischen 39° und 42° östlicher Länge.** 131 S , 21 Abb., 3 Taf., brosch. Pr.: DM 25.—